비판 대 탈비판

2000년대 현대 건축 논쟁

북새풍

간잔수

조공놀이

이런쪽

운동 파지사

오리베스틀

이경찬 대표 편지

비전 네 플리넘
2000년대 웅대 기준 주점

© 이 책의 한국어 판권은 베스툰 코리아 에이전시를 통하여 저작권자와
계약한 아키트윈스에 있습니다. 저작권법에 의해 한국 내에서 보호를 받는
저작물이므로 어떠한 형태로든 무단 전재와 무단 복제를 금합니다.

일러두기
1 이 책은 서울과학기술대학교의 'NEW BEAR' 프로그램의 지원을 받아
 제작되었습니다.
2 이 책은 대표 편저자의 시각을 통해 건축전문지에 소개된 여러 저자의
 글을 엮어 만들어졌습니다.
3 옮긴이는 독자의 이해를 돕기 위해 본문 사이에 [   ]로 표시하여 설명을
 삽입했으며, 원문에는 없는 주석은 [옮긴이]로 표기했습니다.

6 ── 프롤로그:

비판 대 탈비판 논쟁, '이론 이후'에 대한

이론의 요청 ──────────────────── 23

이경창

24 ── 비판적 건축:

문화와 형태 사이 ──────────────── 67

마이클 헤이스 지음, 조순익 옮김

68 ── 도플러 효과와 모더니즘의

다른 분위기에 관한 기록 ──────────── 101

로버트 소몰·사라 와이팅 지음, 이경창 옮김

102 ── "비판성"과 그 불만 ────────────── 133

조지 베어드 지음, 신건수 옮김

134 ── 이론 이후 ─────────────────── 149

마이클 스픽스 지음, 이경창 옮김

150 ── 건축의 비판적 위치? ─────────────── 179

힐데 하이넨 지음, 박성용 옮김

180 ── 탈-비판? ────────────────────── 202

할 포스터 지음, 조순익 옮김

203 ── 도판 출처

프롤로그:
비판
대
탈비판
논쟁,
'이론 이후'에
대한
이론의
요청

이경창

우리는 더는 정치에 관심을 가지 않는다.
평시, 건축과 정치는 자율적 담론 영역으로 분리된다.
— 패트릭 슈마허|Patrik Schumacher

오늘날 우리는 정치적인 것에 대한 또 다른 형태의 부인을,
포스트모던적 탈-정치를 다루고 있다.
그것은 더 이상 정치적인 것을 '억압'하는 데 머물지 않는다.
(…) 훨씬 더 효과적으로 '폐제'한다.
— 슬라보예 지젝|Slavoj zizek,『까다로운 주체』

1

디지털과 인공지능, 유전공학이 불러올 4차 혁명이 우리 삶을 송두리째 바꿀 것이라는 징후가 곳곳에서 감지되고 있다. 『사피엔스Sapiens: A Brief History of Humankind』(2011)의 저자 유발 하라리 Yuval Noah Harari는 "앞으로 몇십 년 지나지 않아, 유전공학과 생명공학 기술 덕분에 인간의 생리기능, 면역계, 수명뿐 아니라 지적, 정서적 능력까지 크게 변화시킬 수 있게 될 것"이라고 예측한다. 하지만 막연한 희망과 막연한 불안이 함께하는 것도 사실이다. 이런 기술 발달이 과연 모두에게 공평하냐는 물음이 제기되는 것이다. 이 혜택을 소수만 독점하게 된다면, 이는 전례없이 강력한 불평등의 장벽을 낳게 될 것이다. 유발 하라리에 따르면, 유전공학과 생체공학, 인공지능의 발달을 통해 "우리는 역사상 유례없는 불평등을 창조할 만반의 태세를 갖추고 있다."[1]

건축에서도 마찬가지다. 인공지능의 등장과 빅데이터를 활용하는 디지털 기술의 발달은 가까운 미래 건축 실무를 상당히 변화시킬 것이다. CNC 밀링과 파라메트릭 모델링, 3D 프린팅 나아가 인공지능 기반 설계와 로봇을 활용한 건설에 이르기까지 낙관적으로 보면 종이 위에만 머물던 건축가의

---

1   유발 하라리, 『사피엔스』, 조현욱 옮김, 김영사, 2015, 580쪽.

상상력이 곧장 실현될 힘을 갖추어간다고 볼 수 있겠지만, 달리 보면, 이런 새로운 변화를 따라가지 못하면 도태될 것 아니냐는 불안이 상존하는 것이다.

최근 건축계의 논쟁은 디지털 기술의 발달로 말미암은 바가 크다. 그로 인해 급변하는 건축 환경은 이제 건축이 무엇이냐는 물음 즉 건축의 학제성을 의문시하기에 이르렀다. 이전까지 건축을 지배해왔던 사고체계는 과연 앞으로 얼마나 효용이 있을까? 건축에서 역사는 고리타분한 것이 되었고 이론과 비평은 그 힘을 잃은 지 오래다. 알레한드로 자에라폴로 Alejandro Zaera Polo와 제프리 앤더슨 Jeffrey S. Anderson은 최근 한국에서 출판된 저서에서 "우리는 건축의 역사가 더 이상 그리 시의성이 있는 건축지식의 보고가 아니며, 그 어느 때보다도 더 건축가들은 건축학의 전통적 범주 너머의 더 큰 생태와 기술에 주목해야만 시의적인 건축가로 남을 수 있다고 믿는다"[2] 라고 썼다. 뒤이어 "건축이나 건축 거장의 역사에 대한 분석이 지구온난화나 빅데이터, 업무 자동화에 비해 문화적으로 시의성이 있을까? 우리는 그렇게 생각하지 않는다. 역사는 늘 미래를 내다보지 않은 이들에게 관대한 적이

---

2   알레한드로 자에라폴로·제프리 앤더슨, "머지않은 공유도시: 확장된 도시", 『공유도시: 확장된 도시 (2017 서울도시건축비엔날레)』, 조순익·길예경·정주영 옮김, 워크룸프레스, 2018, 15쪽.

없었다."라고 말한다. 이보다 더한 역사에 대한 몰이해가 있을까 싶은 이 모호한 구절은 역설적으로 역사의 가치를 자인하는 것처럼 읽히기도 하는데, 역사를 여전히 어떤 평가의 준거점으로 거론하기 때문이다. 그의 우려와는 달리 미래에 대한 기획은 항상 건축가의 몫이었으며 어떤 역사가도 이를 의문시한 적은 없었다. 일례로 건축역사가 만프레도 타푸리 Manfredo Tafuri는 역사와의 단절을 기획했던 아방가르드를 옹호하며 이 기획이야말로 얼마나 역사적 필연성을 지녔는가를 적극 어필한 바 있다.[3] 다만 '건축가가 그리는 미래상은 무엇이고, 이것이 우리의 삶과 건축의 미래에 어떤 의미를 가지느냐'가 문제일 것이다. 이에 대해 역사(가)는 그것이 과거 건축(가)의 오류를 그대로 되풀이하고 있는지, 아니면 그들의 한계를 넘어서 타당한 대안을 제시하는지에 따라 평가에 나설 것이다. 다시 말해 건축가의 미래에 대한 대안 제시 역시 우린 역사에 비추어 반성적으로 사고할 수밖에 없다는 점에서 역사는 역사의 무용을 주장하는 그의 주장에 관대하지 않다.

---

3   "기존의 모든 전통과 절연하는 것은 역설적으로 역사의 진정한 연속성을 상징한다. 전위예술은 반역사를 정립하면서 스스로의 작업을 반역사적이라기보다는 역사성이란 개념 자체를 초월한 것으로 제시하고, 당시로써는 유일하게 역사적으로 타당한 작업을 수행한다." 만프레도 타푸리, 『건축의 이론과 역사』, 김일현 옮김, 동녘, 2009, 65쪽.

이렇게 우리는 곳곳에 이론(여기에는 비평과 역사를 아우른다)의
효용을 의심하는 목소리를 들을 수 있는 시대에 접어들었다고
볼 수 있다. 인문학계에선 대체로 이런 흐름을 '이론 이후After
Theory'라고 규정한다. 이런 흐름의 연장선에서 비롯된 비판 대
탈비판 논쟁은 외국에서 비롯된 것이며 우리 현실과는 결이
다르다고 할 수도 있겠다. 그렇다고 이 흐름과 우리가 무관한
것은 아니다. 우리는 부지불식간에 이 흐름의 한가운데 와 있다.
다만 우리가 그것을 감지(혹은 인식)하지 못할 뿐이다. 하이데거
식으로 말해, 이것이 우리의 진정한 곤경이라고 하면 어떨까.
우린 이런 논쟁을 스스로 벌이지도 못했고 또 이 흐름에 대해
제대로 알지도 못하지만, 이미 암묵적으로 그 흐름에
동조하면서 휩쓸리고 있는 건 아닐까.

2   비판 대 탈비판 논쟁의 흐름

역사나 이론, 비평의 권위에 대한 이런 문제의식의 뿌리를 찾다
보면 2002년 로버트 소몰Robert E. Somol과 사라 와이팅Sarah Whiting이
제기한 논쟁적인 글을 만나게 된다. 2000년대 초반 일어난
건축계의 비판 대 탈비판 논쟁은 미국 동부의 몇몇 대학에서
시작된 작은 소란에 불과했다. 로버트 소몰과 사라 와이팅이
선배 세대인 피터 아이젠만Peter Eisenman과 마이클 헤이스Michael

Hays의 '비판적 건축'에 대해 시대착오적이라 비판에 나선 것이 그 시작이었다. 우선 이 논쟁의 흐름부터 살펴보자.

'비판적 건축'은 마이클 헤이스가 1984년 쓴 글의 제목으로, 건축이 어떻게 문화적 산물로서 상품성에 저항할 수 있느냐에 초점을 맞춘 글이다. '비판'이란 범주는 익히 알다시피 계몽주의 철학자 임마누엘 칸트Immanuel Kant에서 시작해 게오르크 빌헬름 프리드리히 헤겔Georg Wilhelm Friedrich Hegel, 카를 마르크스Karl Heinrich Marx를 거쳐 프랑크푸르트학파의 비판이론에 이르러 하나의 분명한 준거점으로 작동했다. 특히 1980년대 영미권에서 발터 벤야민Walter Benjamin과 테오도르 아도르노Theodor Adorno의 예술에 대한 막강한 영향력에 힘입은 바 크다. 여기에는 이들의 이론을 미국에 널리 유포한 철학자이자 문화비평가 프레드릭 제임슨Fredric Jameson의 역할도 지대했다. 아이젠만 역시 아도르노 미학이론의 천명을 따라(물론 아이젠만의 아전인수식 해석에 가깝지만), 건축이 사회에 비판적일 수 있는 것은 자율적이기에 가능한 것이라고 보았다. 아이젠만은 이에 따라 끝없이 건축의 자율성을 확립하는 데 힘을 쏟았다.

소몰과 와이팅은 지난 시기를 지배했던 비판적 실천의 인플레이션으로 말미암아 도리어 건축이라는 규율의 가능성이 고갈되고 말았다고 주장한다. 그들은 아이젠만 식의 비판적 건축이 자율성에 치우친 나머지 자폐적이 되었고, 사물화에

대한 저항에 치우친 나머지 건축의 도구성(투사, 수행성, 실용성)에 대한 이해가 부족하여 새로운 생성의 가능성을 열지 못했다고 지적한다. 대신, 시장의 힘을 적극적으로 활용해야 하며, 건축 학제 너머의 여러 사회적 힘과의 소통과 개입, 협력이 중요하다고 말한다. 이후 마이클 스픽스Michael Speaks와 스탠 앨런 Stan Allen, 실비아 래빈Sylvia Lavin 등의 신진 건축이론가들이 이 논쟁에 가세하여 이들의 입장을 옹호하고 확장했다. 이들은 디지털 건축을 적극 옹호하며 기법상의 혁신뿐 아니라 이것이 건축의 위상에 변화를 초래했다고 말한다. 가령 마이클 스픽스는 소콜 등의 도구성에 대한 옹호에서 한발 더 나아가 이론의 폐기를 주장한다. 스픽스는 해체주의와 마르크스주의에 영향을 받은 이전의 비평가들이 "체질적으로 혁신의 환경이자 미래 건축의 형성자인 상업과 시장에 대한 혐오를 공유하고 있다"고 비판하며, 이제 (건축) 이론은 "시대착오적일 뿐 아니라 혁신적인 건축 문화 발전에 방해물일 뿐"[4]이라고 말한다. 이렇듯 이 논쟁은 애초에는 미국을 대표하는 건축가와 이론가로서 두 사람이 차지하는 입지에 대한 극복으로 여겨졌지만, 건축 실무에서 이론(비평, 역사)의 효용성에 대한 문제 제기로 확장되었다.

---

4   Michael Speaks, "After Theory," *Architectural Record* (June 2005) pp.73-74.

이에 대한 반발도 제기되었다. 조지 베어드George Baird는
소볼 등의 입장을 "탈비판"이라고 규정하며, 이들이 좁게는
과거 미국 건축이론계를 지배하던 피터 아이젠만Peter Eisenman에
대한 극복을 목적으로, 넓게는 타푸리를 대표로 하는
비판이론에 대한 극복을 목적으로 하지만, 실은 "아이젠만의
렌즈를 통해 타푸리를 보는" 것에 불과함을 꼬집는다.
다시 말해 이들이 비판이론에 대한 협소한 이해를 바탕으로
이에 대한 극복을 논하는 모순에 빠져 있다는 것이다. 아울러
이들의 노력이 이론을 도외시한 나머지 사회의 변화에 대한
포부를 드러내고 비판적 평가 모델을 제시하지 못한다면
"건축은 너무 쉽게 개념적으로 그리고 윤리적으로 다시 표류할
수 있다"고 경고한다.[5] 라인홀드 마틴Reinhold Martin 역시 이와
비슷하게 모든 '포스트' 담론이 그러하듯, 탈비판은 이전의
비판할 대상을 전제한다고 말하며, 과연 이들의 비판이 무엇에
대한 비판인가를 묻는다. 그는 탈비판 진영의 주장이 선배
세대에 대한 "오이디푸스 콤플렉스"에 불과하다고 말하며,
"탈비판 논쟁이 1960년대 유토피아적 정치를 완전히 묻으려는
위장된 노력"[6]은 아닌지 묻는다. 이후 미국에서 벌어진 비판 대

---

5   George Baird, "'Criticality' and Its Discontents," *Harvard Design
Magazine* no.21 (Harvard University Graduate School of Design, Fall
2004/Winter 2005).

탈비판 논쟁은 『건축의 신실용주의The New Architectural Pragmatism』
(2007)[7]라는 책으로 묶여 출간되었다.

이 논쟁은 미국으로 그치지 않았다. 이후 대륙을 건너
영국을 중심으로 한 유럽의 건축이론가들도 여기에 가세해
가히 전 세계적 논쟁으로 퍼져 나갔다. 유럽인들은 이 논쟁이
탈비판적 건축에 대해 미국인들이 이제 건축에서 저항은
허무하며 스스로 패배를 인정하고 비판적 프로젝트를 깔끔하게
포기해버렸다는 말로 들렸고, 이에 자신들은 많이 낙담하고
놀랐다고 설명한다.[8] 영국을 중심으로 설립된 건축 인문학
연구회AHRA는 2004년 '비판적 건축Critical Architecture'이라는 제명
아래 첫 학술회의를 열고 미국의 비판 대 탈비판 논쟁을
소개했으며, 그 내용을 정리해 동명의 책[9]을 발간하기에 이른다.
이들은 미국건축계의 탈비판 진영에서 문제 삼은 비판성 개념과

---

6   Reinhold Martin, "Critical of What? Toward a Utopian Realism,"
Harvard Design Magazine no.22 (Harvard University Graduate School
of Design, Spring/Summer 2005).

7   *The New Architectural Pragmatism*, ed. William S. Saunders
(University of Minnesota Press, 2007).

8   John Macarthur·Naomi Stead, "The Judge is Not an Operator:
Historiography, Criticality and Architectural Criticism," *OASE* vol.69
(NAi Publishers, June 2006), p.122.

9   Jane Rendell·Jonathan Hill, *Critical Architecture*, ed. Mark
Dorrian, (Routledge, 2007).

과거 헤이스와 아이젠만의 비판적 건축 모두 비판성 개념을 잘못 파악하고 있다고 말하며, 건축의 비판성을 새롭게 정초하고자 했다. 이들의 입장은 이 책에 실린 힐데 하이넨Hilde Heynen의 글에서 확인할 수 있다. 이후 네덜란드 델프트공과 대학교 학술지 『풋프린트Footprint』 4호는 '건축에서 작용인: 이론과 실무에서 비판성 재규정하기Agency in Architecture: Rethinking Criticality in Theory and Practice'라는 제목으로 이 논쟁을 소개했고[10] 네덜란드의 건축전문지 『오아서OASE』 69호에는 관련 논설이 게재됐다.[11] 『아키텍처럴 디자인Architectural Design』은 '이론의 용융 Theoretical Metdown'이라는 제목으로 이 논쟁을 자세히 다루었다.[12]

최근 출판된 여러 학술 서적들도 본격적으로 이 논쟁을 2000년대 이후 현대 건축의 분기점 중 하나로 다루고 있다. 탈 카미너Tahl Kaminer의 『건축, 위기와 소생Architecture, Crisis and Resuscitation』(2011)[13]은 이 논쟁을 역사적 맥락에서 폭넓게 다루고 있으며, 가일 데이Gail Day의 『변증법적 열정Dialectical Passions』 (2010)[14]은 탈비판 진영의 공격에 대한 포괄적인 이론적 논박이라 할 만하다. 그는 비판적 건축의 이론적 토대라 할 수

---

10 *Footprint* no.4 (Delft School of Design Journal, Spring 2009).

11 John Macarthur·Naomi Stead, *op. cit.*

12 "Special Issue: Theoretical Meltdown," *Architectural Design* vol.79, Issue 1 (January/February 2009).

있는 비판성과 부정성의 이론적 흐름을 다시 한번 반추한다. 나디르 라히지Nadir Lahiji가 편집한 『탈정치에 맞선 건축Architecture Against the Post-Political』(2014)[15]은 탈비판적 흐름을 건축의 '탈정치화'라고 지칭한다. 라히지는 탈비판 진영의 논리가 현대철학자 자크 랑시에르Jacques Rancière나 슬라보예 지젝의 지적처럼 신자유주의 이후 탈정치적 상황에 따른 것이라고 보며, "'정치의 종말'이라는 용어는 정확히 '탈비판'이라는 용어의 현재 쓰임을 위한 또 다른 이름이다"라고 말한다. 즉, 탈비판 논쟁은 이론에서 비판이라는 범주를 둘러싼 논쟁으로만 보이지만, 그 범위를 넓혀 건축의 정치성[16]에 대한 논쟁으로 볼 수 있다 것이다. 라히지는 "건축에서 정치적인 것을 포기하는 것은 … 건축의 비판적 프로젝트의 포기와 동의어"라고 통렬히 비판한다.[17] 더글라스 스펜서Douglas Spencer가 집필한 『신자유주의의 건축The Architecture of Neoliberalism』(2016)[18]은 이 논쟁에 대한 가장 최근의 논박이라 할 수 있다. 스펜서는

13   Tahl Kaminer, *Architecture, Crisis and Resuscitation* (Routledge, 2011). 국내 번역서는 『현대성의 위기와 건축의 파노라마』(조순익 옮김, 시공문화사, 2014) 참조.

14   Gail Day, *Dialectical Passions: Negation in Postwar Art Theory* (Columbia University Press, 2010).

15   *Architecture Against the Post-Political: Essays in Reclaiming the Critical Project*, ed. Nadir Lahiji (Taylor and Francis, 2014).

탈비판론자들의 담론, 즉 건축에서 질 들뢰즈Gilles Deleuze와 펠릭스 가타리Pierre-Félix Guattari의 이론을 추동하는 담론을 '건축적 들뢰즈주의architectural Deleuzism'라고 부르며 이들과 신자유주의의 공모관계를 파고든다. 그는 비판 대 탈비판 논쟁의 흐름을 개관하면서 탈비판 진영은 이론을 거부한다고 말하지만 사실은 이론에 의지하는데, 이것은 이론을 건축이 관리하는 것이며 경영이론으로 전환하는 것이라고 꼬집는다. 나아가 이것이야말로 도리어 들뢰즈가 비판한 신자유주의적 관리통제주의managerialism의 일반적 방식으로의 전환 또는 공모에 불과하다고 지적한다.

16　여기에서 정치는 거시적 차원의 정치와는 다르다. 미시적 차원에서 '정치적인 것'을 이야기한다. '정치적인 것'은 최근 랑시에르와 지젝, 샹탈 무페(Chantal Mouffe) 등의 정치철학자들이 현재의 '탈정치'적 상황에 맞서, 1932년 카를 슈미트(Carl Schmitt)가 제시한 '정치적인 것'이라는 개념을 재해석한 것이다. 통상의 '정치'가 정치인들이 행하는 통치 행위라면, '정치적인 것'은 다양한 사회적 관계에서 등장할 수 있는 근원적인 균열의 지점을 의미한다. 최근 정치철학자의 논점은 사회적 관계의 저변에는 반드시 합의할 수 없는 균열(이를 '적대'라 부른다)이 존재하며, 이를 둘러싼 헤게모니 쟁탈(내지 경합 또는 불화)을 전제한 대화가 필요하다는 것이고, 이것이 정치가 필요한 이유이자 '탈정치'적 주장이 허구인 이유가 된다.

17　Nadir Lahiji, "The critical project and the post-political suspension of politics," *ibid.*

18　Douglas Spencer, *The Architecture of Neoliberalism* (Bloomsbury Publishing, 2016).

3 '이론 이후'의 건축이론

이렇게 현대 건축계에는 비판 대 탈비판의 논쟁 구도가
형성되어 있다고 할 수 있다. 탈비판 진영은 한편으로는 과거
비판이론의 타당성을 의문시하고, 나아가 문화이론에서
회자하던 '이론의 종말'을 거론하며, 건축의 사회 비판적 성격을
문제시한다. 이에 대해 유럽의 이론가들은 미국건축계가 사회
개혁적 담론과 비판적 프로젝트를 포기한 것이 아니냐며
반발했다. 한쪽에선 시대의 변화에 따라 건축의 패러다임이
변했다고 말하고, 또 다른 쪽에서는 이런 주장이 건축이 유연한
신자유주의 통치와 본격적으로 공모에 이른 증거라고 말한다.

　　여기에 모은 여섯 편의 논고는 비판 대 탈비판 논쟁의
흐름에 따라 각각의 입장을 드러낸다. 첫 번째 마이클 헤이스의
「비판적 건축: 문화와 형태 사이Critical Architecture: Between Culture and
Form」(조순익 옮김)는 '비판적 건축'이라는 개념을 가장 먼저
정식화한 글이라 할 수 있다. 두 번째 로버트 소몰과 사라
와이팅의 「도플러 효과와 모더니즘의 다른 분위기에 관한
기록Notes around the Doppler Effect and Other Moods of Modernism」(이경창 옮김)은
앞선 세대의 비판적 건축에 맞서 공격의 포문을 연 글이다.
두 사람은 피터 아이젠만과 마이클 헤이스가 대표하는 비판적
건축이 지배적인 패러다임이 되었으며 이제 건축의 발전을
가로막고 있다고 지적한다. 이들은 비판, 재현, 의미화를

지향했던 건축이 이제 도구성을 지향해야 한다고 주장하며 이를 "투사적 건축"이라 명명했다. 세 번째 조지 베어드의 「"비판성"과 그 불만"Criticality" and Its Discontents」(신건수 옮김)은 소몰 등의 입장을 '탈비판적'이라 명명하며 이에 대한 비판적 논설을 제기한다. 네 번째, 마이클 스픽스의 「이론 이후: 디자인에서 혁신에 대한 이론의 가치와 그 효과를 둘러싼 건축학교의 격렬 논쟁After Theory: Debate in architectural schools rages about the value of theory and its effect on innovation in design」(이경창 옮김)은 조지 베어드의 입장을 다시 반박하며 탈비판을 옹호한다. 이론의 역할이 이제는 시대착오적인 것이 되었으며 혁신의 문화를 가로막는 장애물 역할을 해왔다는 것이다. 이제는 디지털 기술과 풀 스케일 모델링 등을 통해 '디자인 지능'의 역할이 중요해졌다고 주장한다. 다섯 번째, 힐데 하이넨의 「건축의 비판적 위치?A Critical Position for Architecture?」(박성용 옮김)는 유럽의 시각으로, 탈비판적 건축뿐 아니라 헤이스 및 아이젠만 식 비판적 건축 역시 동시에 비판하며 이에 대한 대안을 모색한다. 마지막으로 할 포스터Hal Foster의 「탈-비판?Post-Critical?」(조순익 옮김)은 이 논쟁이 단지 건축계만이 아니라 문화 예술계 전반에 널리 퍼진 징후임을 보여준다. 포스터는 건축계에서 시작된 탈비판 논쟁이 철학자 브뤼노 라투르Bruno Latour와 랑시에르가 제기한 의문들, 즉 '비판'이라는 범주에 대한 문제의식의

연장선에 있음을 지적하고, 왜 이들이 이런 문제를 제기하는지 폭넓은 인문학적 기반 위에서 설명한다.

이 논쟁의 찬반을 떠나, 중요한 것은 여전히 진행 중인 이 논쟁을 통해 드러난 '현대 건축이 처한 곤경'을 확인하는 일이다. 이론과 비판이 의심받는 상황은, 테리 이글턴Terry Eagleton이 말하듯 포스트모더니즘 이후 모든 권위를 부수고 의심하고 해체하기 시작한 나머지, 이론이 자폐적으로 머물거나 어떤 최소한의 대안도 제시할 수 없다는 냉소적인 결론에 이른 상황을 말해주는 것은 아닐까. 실무와 이론의 괴리가 도드라지고, 비평이 외면받는 상황은 이론 또는 비평이 어떤 해답도 줄 수 없다는 생각, 나아가 건축은 어떤 방식으로든 사회에 대한 비판적 기능을 할 수 없거나 제한되어 있다는 생각 때문은 아닐까. 어찌 보면 이론과 실무가 멀어진 탓에 실용주의를 기반으로 이론과 실무가 급격히 비판적 거리를 무너뜨리고 있다고 해석할 수도 있다. 이런 점에서 '이론 이후'는 이론이 충분히 현실의 상황이 요청하는 바에 제대로 부응하지 못했기에 생기는 이론에 대한 ⒨요청이다. 이론의 쇠퇴와 건축의 비판성이 의심받는 지금의 상황이야말로 "건축이란 과연 무엇이며 무엇을 할 수 있는가, 이론이란 무엇이며 과연 무엇을 할 수 있는가, 이제 어떻게 일상의 맥락과 구체적으로 밀착될 수 있는 실천적 이론을 사유할 것인가,

이론과 실무는 어떻게 건강한 긴장 관계를 만들 것인가"라는
근본적인 질문으로 돌아갈 필요가 있다. 문화이론가로
잘 알려진 테리 이글턴은 『이론 이후After Theory』(2003)에서
근래 회자되는 숱한 이론 이후 또는 이론의 종말이라는 서사의
유포에도 불구하고, "이론 없이는 인간으로서의 삶을 숙고할
수 없다는 의미에서 우리는 결코 '이론 이후'에 존재할 수
없다"[19]고 단언한 바 있다. 이런 상황에서 그가 제시하는
해법이란 결국 존재와 객관성, 죽음, 혁명과 같은 근원적
질문으로 다시 돌아가야 한다는 것과 이론이 타인의 비참함에
대한 철저하게 공감함으로써 삶의 변화를 끌어내는 계기가
되어야 한다는 것이다. 인간을 철저히 도구화하는 신자유주의
세상에서 이론은 이에 맞서 배제된 자들의 진실한 목소리를
대변하고 그 고통의 신음에 끝까지 귀 기울일 수 있을까?
현실에서 배제되어 현실의 그늘에 가려진 또 다른 현실(비현실)에
주목하는 것이야말로 바로 이론이 현실에 관여하는 방식이
아닌가? 이것은 건축이론가뿐 아니라 건축가에게도 똑같이
주어진 소명이다. 디지털 기술의 발달이 곧바로 만병통치약이
아니라는 것을 우리는 숱한 건축의 역사적 사실에서
보아왔으며, 소란스러운 환호가 실망으로 변하기까지 그리
긴 시간이 걸리지 않았다는 것을 알고 있다.

---

19 테리 이글턴, 『이론 이후』, 이재원 옮김, 도서출판 길, 2010, 304쪽.

비판적 건축: 마음 시
문화와 행위 사이

소개하는 글

「비판적 건축: 문화와 형태 사이」
마이클 헤이스

조순익

소개하는 글

미국의 건축비평가 마이클 헤이스는 1979년에 석사학위 논문을 쓰고 5년 후인 1984년에 이 글을 발표했다. 이 글은 당시 사실주의realism가 대세를 이루던 미국 예일대학교의 건축저널 『퍼스펙타Perspecta』에 실렸는데, 그 이전부터 건축학계에서는 사실주의와 형식주의formalism의 논쟁 구도가 형성되어 있었다. 바로 이런 구도에서 이 글에 '문화와 형태 사이'라는 부제가 붙게 되는데, 여기서 '문화culture'는 사실주의 계열을, '형태form'는 형식주의 계열을 암시하는 용어라고 볼 수 있다. 헤이스는 바로 이 양자 '사이에 낀' 건축으로서 비판적 건축을 정의하는데, 이런 개념화에 가장 중요한 발판을 제공한 인물이 바로 이탈리아의 건축역사가이자 비평가인 만프레도 타푸리였다. ¶ 타푸리는 1969년에 『건축 이데올로기 비판을 향하여』라는 논설을 발표하고 이 글의 논지를 확대해 1973년에 『건축과 유토피아Progetto e utopia: Architettura e sviluppo capitalistico』라는 영향력 있는 저작을 출간했다. 이 책은 근대 도시의 발전 과정에서 건축 아방가르드가 꿈꿨던 유토피아가 자본주의 도시계획의 이데올로기로 포섭되어가는 과정을 변증법적으로 고찰했다는 점에서, 당시 서구 건축학계에 매우 중요한 의미를 던져주고 있었다. 이 책이 헤이스에게 미친 영향은 이 글에서 미스 반 데어 로에Mies Van Der Rohe의 비판적 건축을 논하는 부분만 보더라도 명백하게 드러난다. 헤이스가 예로 드는 20세기 초 아방가르드 사례나 미스의 작품에 대한 논의는 이미 타푸리가 『건축과 유토피아』에서 거론한 내용을 많이 반영하고 있다. 헤이스는 타푸리가 멈춘 지점에서부터 그가 남긴 개념의 유산들

을 가지고 비판적 건축의 가능성을 숙고해나간 것이다. 그리고 이 책의 제목에 건축 대신 '이데올로기'를 대입한다면 자연스럽게 카를 만하임 Karl Mannheim의 1929년 저서 『이데올로기와 유토피아 Ideologie und Utopie』를 떠올리게 된다. 헤이스가 제시하는 두 대립항인 '문화와 형태'는 이러한 '이데올로기와 유토피아'의 구도를 코드 변환한 것이나 다름없다. 마르크스는 이데올로기를 자본주의의 허위의식으로 이해했고, 타푸리는 마르크스를 따라 '건축 이데올로기의 비판'을 지향했다. 이데올로기가 현존하는 지배 문화의 사고 체계를 뜻한다면 말 그대로 '여기가 아닌u 장소topia'를 뜻하는 '유토피아utopia'는 이데올로기에 대한 모순적인 위치를 이루게 되며, 그런 대립적 모순의 비판성을 반영한 제목이 바로 『건축과 유토피아』인 것이다. 한편 '위기crisis'와 같은 어원을 곰유하는 '비판critique'이란 말은 위기를 인식하는 '갈림길'에 선 것을 뜻하며, 그런 의미에서 헤이스도 비판적 건축을 문화와 형태 '사이'에 위치시켰다고 볼 수 있다. ¶ 하지만 그가 말하는 비판적 건축은 단순히 이데올로기적 문화를 비판하기 위해 형태 실험에 탐닉하는 비현실적 유토피아가 아니다. 그보다는 현실과의 교섭을 무시한 '규방의 건축'에 비판적이며, '메인스트리트는 옳다'고 선언하는 지배 문화의 이데올로기적 재현물에도 비판적인, 이중의 비판이라는 어려운 과제를 수행하는 건축이다. 이중의 비판을 수행한다는 것은 양비론을 뜻하는 게 아니다. 양자와 교섭하되, 그 모순을 필연적으로 인식하는 '부정적 사유思惟'를 동시에 함축한다는 뜻이다. 이런 사유는 매우 헤겔적인데, 물론 헤이스는

타푸리의 변증법적 사유를 통해 이런 생각을 더 발전시켰을 것이다. 하지만 타푸리가 니체Nietzsche적인 마시모 카차리Massimo Cacciari의 부정적 사유에서도 영향을 받았다면, 헤이스는 그보다 더 헤겔적으로 사유하는 프레드릭 제임슨의 영향을 크게 받은 인물이다. 물론 이 글에서 제임슨이 직접 언급되지 않지만, 훗날 헤이스는『건축의 욕망Architecture's Desire: Reading the Late Avant-Garde』(2009)이란 책에서 '상대적 자율성'(루이 알튀세르Louis Althusser)이나 '준-자율성'(프레드릭 제임슨)이란 용어로 그가 지향하는 건축을 특징지은 바 있다. 하지만 건축계에서는 이런 용어를 통상 '자율성'으로 부르는 탓에 개념상 혼돈을 일으키는 경우가 많다. 그리고 2000년대 초·중반부터 불거진 비판 대 탈비판 논쟁도 이런 개념의 혼돈을 부채질한 측면이 있었다. 예컨대 헤이스를 비판하는 탈비판론자들은 헤이스와 아이젠만의 본질적 차이를 분별하지 않고 성급하게 동일시하며 이들을 모두 형태적 자율성을 옹호하는 형식주의자로 치부해버리곤 한다. 하지만 아이젠만이 주장하는 자율성은 역사나 사회와 절연된 절대적이고 이상적인 형태의 유토피아로 도피한다는 점에서, 헤이스의 그것과는 명백한 차이가 있다. 아이젠만의 자율성은 플라톤적이고 이상주의적이지만, 헤이스의 자율성은 헤겔적이고 변증법적이기 때문이다. ¶ 2000년대 초·중반에 탈비판론자들의 비판을 받고 나서, 헤이스는 2009년에 라캉적인 사유를 담은『건축의 욕망』을 출간했다. 타푸리가『건축과 유토피아』에서 20세기 초 역사적 아방가르드의 유토피아를 헤겔적인 모순의 변증법으로 고찰했다면, 헤이스

는 이 책에서 20세기 말 대중음악가들의 미디올로기를 심층적인 양 상의 방향성으로 고찰할 것이다. (다만 이 책에 미디올로기라는 용어에서 정점에 이 종하는 말은, 앞서 금정 마르크스적 진영의 미디올로기 그리하여 이의 이념 인 것이다. 전형적인 마르크스주의의 미디올로기를 부르주아의 '허위의식'으로 비판한 점, 물레비디오 이데올로기를 인간의 정신적 활동을 '오류의식'으로 보기 때 문이다.) 이 책에 그는 아이젠만의 경종을 자기 공격자로 기록을 남 기는 것을 좋아한다. 따라서 1984년에 이 에세이에서 헤이시가 담고 는 경향을 선취한 것으로 말하자면, 말러지지 경쟁에 고정하지 말 표 기사에 주의하면, 이것을 그의 입장의 주체로 마주가진다. 헤이 가 미디에 주목하는 이유는 미디가 갖는 그의 이데올로기에 숨겨 의 진동을 감추기 때문, 헤이시가 자본에서 정형을 수 있는 자본에서 정형을 찾지 않기 때문이다. 그는 자본에서 정형을 찾는 중심적 의미가 없기 때문이다. 또한 그는 정형에 집중하기 위재하는 중심적 을 상정할 것이 아니라, 경향성을 가능하게 하는 조건이 되는 것이다. 그 런 이상에서 미디의 기능성 대통령 강증적 과정으로 인식할 것을 주장 한다. 해이시는 대중의 자생성의 중요한 변화를 인식할 '인기메가니즘'을 지 향한다고는 20세기 중 아방가르드의 입장을 충실하다. 특히로 공제적 운용이다 주는 미디어는 이데올로기의 응고가 활용된다. 해이시는 미디의 이같은 국면에서 지지를 태우고, 앞기가를 중심적 인 정황이 아니, 그의 경향이 되는 전과 공동이라고 주장했다. "대중시인 총론 속에서 예민한 경의의 탄지를 만족시키려고 분투한다.

소개하는 글

헤이스가 언급하는 "현실의 쟁취"란 미스의 건축에 나타나는 현존재로
서의 실존적 태도를 암시하는 것이다. 마지막으로 행위론적 차원에서
는 '문화와 형태 사이'라는 구도에 압축된 이중변증법, 그리고 그것을
위한 '저항적 권위로서의 저자성'이 갖는 의미가 있다. 헤이스가 읽어
내는 미스의 건축은 앞서 말한 인식론적·존재론적 차원을 추구함으로
써 이상적인 형식주의와 절대적 자율성(형태)에 대항하는 동시에 실증
주의와 물화된 역사주의(문화)에 대항하는 효과를 내는 것인데, 이를 위
해서는 잠정적으로나마 저자의 비판적 권위가 요구된다는 것이다. "미
스는 기존의 준거 틀을 받아들이지 않으며, 권위적인 문화도 권위적인
형태적 체계도 재현하지 않는다." 그리고 그런 의도를 반복할 때 비로
소 저항적 권위를 획득하게 되며, 이러한 저자성은 "문화의 권위에 저
항하고, 습속의 일반성과 향수적 기억의 특수성에 맞서며, 그럼에도 매
우 정밀한 의도를 지닐 수 있다"고 헤이스는 주장한다.

원문 출처
K. Michael Hays, "Critical Architecture: Between Culture and Form," *Perspecta* 21
(Cambridge: MIT Press, 1984), pp.14-29.

내가 로드아일랜드 디자인학교(RISD)에서 진행했던 "근대 건축의 해석(Interpretations of Modern Architecture)" 세미나에 참여한 학생들의 질문과 비평이 이 글을 작성하는 데 큰 도움이 되었다. 이 글에서 제시한 많은 아이디어는 해당 세미나에서 정식화된 것이다. 이 논문의 초고를 읽은 동료들이 보여준 반응도 도움이 됐다. 한결같이 나를 지지하고 격려해준 스탠퍼드 앤더슨과 로돌포 마카도에게 특별히 감사를 전한다.

1

'건축은 활동이자 인식으로서 근본적으로 문화적인 기획'
이라는 명제는 거의 논쟁거리로 여겨지지 않을지 모른다.
하지만 문화와 건축 형태가 주고받는 상호 영향의 정확한
본질을 묻게 되면 건축과 건축 해석에 관한 대립적 이론들이
강력히 전개되는 걸 보게 된다.[1]

이 글에서 나는 비판적 건축을 검토할 것이다. 여기서
비판적 건축이란 지배적인 문화의 자기 확증적이고 회유적인
작동기제에 저항하지만 장소와 시간의 우연성에서 유리된
순수 형태의 건축으로 환원되지도 않는 건축을 말한다. 기존의
문화적 가치들에 대한 효율적 재현과 그와는 완전히 독립된
추상 형식 체계의 자율성 사이에서 제자리를 찾는 비판적
건축을 나는 미스 반 데어 로에의 몇몇 프로젝트를 재해석하며

---

1   나는 이 글에서 '문화(culture)'라는 말을 두 개념이 통일된 것으로
이해하고 사용할 것이다. 하나는 관념과 오브제의 생산과 활용을
인가하거나 진흥하거나 제약하는, 그리고 한 사회나 장소가 스스로를
차별화하고 자체적인 헤게모니를 유지하는 근거가 될 이론적·실천적
체계들이라는 개념이다. 다른 하나는 풍부한 물리적 선례나 생산 체계의
실례로서 지속되며 문화를 전파하는 인공물과 환경이라는 개념이다.
따라서 이런 문화적 범위 안에서 건축 생산은 하향적으로 스며드는
지배적인 가치 체계의 감시를 받거나, 그 토대의 수준에서 문화의
대행자가 될 수 있는 실무와 방법론의 표준 규범을 통해 발생하거나
그 정당성을 입증 받는다.

[1] 미스 반 데어 로에,
프리드리히 거리 프로젝트, 1919

비판 대 탈비판

제시하려 한다. 문화와 형태 사이에 비판적 영역이 자리한다는
나의 주장은 기존에 수용된 해석 방식을 연장한다는 의미
보다는, 그렇게 이쪽이나 저쪽 하나만을 편파적으로 고려하며
건축적 의미의 철저한 규명을 주장하는 관점들에 도전을
제기하는 것이다. 따라서 먼저 그런 주장들을 내세우는 기존의
두 가지 해석 방식부터 간략히 살펴보는 게 유익할 것이다.

2   건축을 문화의 도구로 보는 해석

첫 번째 입장은 건축된 형태의 원인과 내용으로서 문화를
강조한다. 이때 해석자의 임무는 오브제와 환경을 문화적
가치들의 기호와 증상과 도구로서 연구하는 것이다. 이런
관점에서 보면 건축은 사회경제적·정치적·기술적 과정에 따라
다양한 상태와 변형으로 이어지는, 본질적으로 부수적인
현상이다. 게다가 인간 사회의 제도를 기능적으로 뒷받침함과
동시에 집단 의지가 물화reify된 결과로서, 건축은 그것을
생산하는 문화에 위엄을 부여한다. 건축은 문화의 헤게모니를
재차 확증하고, 문화의 연속성을 정당화하는 데 일조한다.
따라서 문화와 형태 사이에 수립되는 최적의 관계는 상응의
관계로서, 말하자면 형태가 문화의 가치를 효율적으로
재현하는 관계다.

비판적 건축: 문화와 형태 사이

이런 관점에서 해석의 시간적 습속은 회고적이다. 건축은 늘 완성된 것으로 여겨지고, 비평가나 역사가는 건축 오브제에서 그것의 근원적 의미를 되살려내려고 노력한다. 건축 오브제와 해석자 사이에 놓인 시간의 간극 속에서 건축과 언어와 세계관의 변화가 일어나 자연스럽게 오해가 일어난다고 여겨지므로, 그 의미는 그 오브제가 근원적으로 뿌리내린 문화적 상황을 학문적으로 재구축함으로써 복원해야 한다. 역사적 세계의 기초 자료인 문서와 기록된 활동, 인공물에서 시작하는 이해는 본질적으로 시간을 거꾸로 되짚는 자기 치환 self transposition이나 상상적 기획imaginative projection으로 여겨진다. 그리고 이런 역사적 방법이 충분한 충실성fidelity을 지니면, 문제의 오브제에 대한 소위 "객관적이고 진실한" 한 가지 설명이 이뤄지는 것이다. 그 오브제가 생겨난 근원적 시점의 문화적 상황을 엄밀한 방법론으로 복원해내지 못하면, 어떠한 역사적 객관성도 확보할 수 없고 모든 해석의 시도가 어쩔 수 없이 주관적이라는 생각에 굴복할 수밖에 없게 된다는 것이다.[2]

3 건축을 자율적 형태로 보는 해석

반대편 입장은 단일한 '진실'을 철회하는 것만이 근원적 상황을 엄밀하게 사실적으로 복원하는 유일한 대안이라는 가정에서 출발하며, 오로지 형태에만 기초한 해석들의 확장을 옹호한다. 이 두 번째 입장에서 이뤄지는 해석들은 상대적으로 역사에 관심이 없고, 자율적인 건축 오브제와 그것을 형태적으로 조작하는 데 더 관심을 두는 게 특징이다. 말하자면 건축 오브제의 각 부분이 어떻게 결합되었는지, 그것이 어떻게 외적

---

2   이런 입장의 역사주의는 많은 저자들의 비판을 받아왔는데, 대표적인 비판자로는 스탠퍼드 앤더슨(Stanford Anderson), 콜린 로우(Colin Rowe), 데이비드 왓킨(Daivd Watkin)이 있다. 왓킨은 『건축 역사·이론·비평(*The History, Theory, and Criticism of Architecture*)』(ed. Marcus Whiffen, Cambridge: MIT Press, 1965)에 실린 앤더슨의 초기 연구 「건축과 전통(Architecture and Tradition)」을 언급하지 않은 채 카를 포퍼(Karl Raimund Popper)의 논거들을 활용한다. 한편 왓킨은 다른 맥락에서, 앤더슨이 『아츠 불리틴(*Arts Bulletin*)』(vol.53 June 1971, pp.274-275)에 게재한 니콜라스 페프스너(Nikolaus Pevsner)의 「근대 건축 및 디자인의 선구자들(Sources of Modern Architecture and Design)」(1968)에 대한 리뷰를 언급한다.

나는 여기서 이런 비평들을 되풀이하지 않을 것이다. 건축 오브제의 근원을 강조하는 해석들에 관한 최근의 논의로는 다음을 참조. Stanford Anderson, "A Presentness of Interpretation and of Artifacts: Toward a History for the Duration and Change of Artifacts," *History in, of, and for Architecture,* ed. John E. Hancock (Cincinnati: University of Cincinnati, 1981).

준거 없이도 이해될 수 있는 전체적으로 통합되고 균형 있는 체계를 이루는지, 또한 이에 못지않게 그걸 어떻게 재활용할 수 있는지, 그 구성 부재와 과정을 어떻게 재결합해 쓸 수 있는지 등에 관심을 두는 것이다.

여기서 해석의 시간적 습속은 하나의 이상적 순간이 순수하게 개념적인 공간에 자리하는 방식을 취한다. 건축적 조작은 주변적 현실에서 벗어난 자발적이고 내면화된 것이자, 순수 관념처럼 될 수 있는 것으로서 상상된다. 건축 형태는 물론 특정한 시간과 장소에서 생산되는 것으로 이해되지만, 더 이상 건축의 의미를 제약하는 오브제의 근원은 허용되지 않는다. 이는 바로 세속적이거나, 주변적이거나, 또는 사회적으로 오염된 역사의 내용을 모두 버리려는 의도인데, 그런 주제 내용이 지식인의 비판적 자유와 형태를 반복적으로 사용하는 전략의 가용성을 필연적으로 침해하리라 보기 때문이다. 건축 형태는 물론 읽히고 해석되지만, 오독과 오해가 일상적으로 일어날 뿐만 아니라 그것이 유익한 결과를 가져온다고도 이해된다. 어떤 경우건 간에 역사적·물질적 사실을 의식적으로 회피하고 그와 동떨어진 형태적 체계만 다루게 된다. 하나의 건축물이 시간 속에서 변해가는 문화적인 오브제로서 소유되거나 거부되거나 완성되는 방식은 다뤄지지 않는다.[3]

그렇다고 이런 접근이 건축 해석에 전적으로 해로운 것만은 아니었다. 한 작품의 위대성과 인본주의적 가치를 수사적으로 천명하지만 밑바탕에서는 지배 문화를 정확히 재현하는 기념물들을 허물어버렸기 때문이다. 이런 접근은 비평가들이 건축 오브제를 다른 종류의 사물과 별개의 것으로 취급하면서 진지하고 전문적이며 정확한 방식으로 논할 수 있게 하는 전문 어휘를 개발해왔다. 더 나아가 건축이 기본적으로 건축이 아닌 다른 무엇에 의존하거나 그런 걸 재현하는 것으로 해석하면 건축 자체가 무엇을 하는지를 볼 수 없게 된다. 즉, 우리가 건축을 건축보다 먼저 존재하는 어떤 과정의 관점에서 이해하려고 하면, 역설적으로 재현의 목적이면서 자기만의

---

3   콜린 로우의 『콜라주 도시(Collage City)』(1975) 접근법을 안타깝게도 그의 다양한 추종자들이 지나치게 단순화하고, 포장하고, 소진한 것은 이런 태도가 널리 퍼져있음을 암시한다. 로우는 건축을 자율적 형태로 보는 입장으로 쉽게 끼워 맞출 수 없는데요, 다음과 같은 그의 진술들은 과거 이미지를 무비판적으로 소비하는 이들에게 종종 오해의 소지가 된다. "이 지점에서는 현재의 논거들이 '역사'와 거의 무관하다는 게 분명할 것이다. 역사는 우리가 자각하는 한에서 사건들의 연쇄와 양식상의 태도들과 관계를 맺는다. 본 논의 체계에서는 그게 거의 우리의 관심거리가 되지 못한다. 그리고 우리는 특정 형태론의 유용성에 관심이 있지만, 그만큼 특정 모델의 기원에는 관심이 없다."
Fred Koetter·Colin Rowe, "The Crisis of the Object: The Predicament of Texture," *Perspecta* 16 (1980), p.135 and n.15.

무엇이 시작되는 지점이기도 한 건축은 볼 수 없게 된다.

그럼에도 불구하고, 형태가 절대적으로 자율적이며 역사적·물질적 우연성보다 우위에 있다고 보는 입장은 그것이 세상 속에서 힘을 가져서가 아니라 명백히 힘이 없어서 천명되는 것이다. 순수 형태로 환원된 건축은 처음부터 스스로를 무장해제하고, 사회적·정치적 무력성에 응함으로써 순수성을 유지해왔다. 게다가 이런 형태주의적 입장은 그것이 비판하려는 입장과 다르지 않은 해석적 과학주의로 빠질 위험이 있다. '실제로 일어난 대로의 역사'를 회복하려는 시도들이 자연과학의 실증주의 방법론을 꽤 공공연하게 모방한다면, 형태주의적 태도는 형태적 범주들이 더 신고히게 정의되고 확고한 경계를 굳힐수록 저도 모르게 너무 자주 자체적인 과학주의에 빠지고 만다. 역사와 정황에서 자유롭기를 주장하는 형태적 범주와 조작을 우선시하면, 해석학적 분석은 그것의 형태적 범주들이 예측하는 바를 단순히 재확인하는 데 그칠 위험이 있다. 어느 한 종류의 형태적 분석에 보편성을 상정하는 태도는 비평이 방법론적으로 유한할 수밖에 없는 하나의 표본 집합을 살펴보는 식으로만 이뤄진다는 사실과 이런 표본들이 하나의 특정 문화에서 나온다는 사실을 흐려버린다. (그 표본들이 때 묻지 않은 상태로 우리에게 전해지는 법은 없다.) 또한 그런 태도는 이런 오브제들의 연구 방법 자체가 더 크고 복잡한

관계망의 일부이고, 그 자체의 세속성에 오염되어 있으며, 다른 어떤 문화적 권위에 의거해 정당성을 부여받았다는 사실도 흐려버린다. 아마도 이런 오브제와 방법의 이상화가 가져오는 예기치 않은 결과는 건축이 자체적인 인과론과 현존감과 지속성을 지닌 문화적 오브제로서 지닌 특별한 지위를 부정 당하는 것이리라.

4 건축의 세속성

위에서 개관한 두 가지 입장은 건축 이론과 비평에 널리 퍼진 이분법의 증상이다. 한편에서는 자기 정당화와 자기 영속화를 위한 문화적 헤게모니의 도구로서 인공물을 묘사한다. 반대편에서는 내적으로 응집된 특권화된 원리를 담아내는 그릇으로서 가장 오염되지 않고 깨끗한 상태의 건축 오브제를 다룬다. 이런 이분법을 가로지를 대안적 해석의 입장을 취한다면, 인공물을 더 탄탄하게 묘사할 뿐만 아니라 분명하고도 비판적인 방식으로 세계 안에 ―문화 속에, 문화의 이론들 속에, 해석 자체의 이론들 속에― 위치하는 인공물에 요구되는 더욱 복잡다단한 분석을 행해야 할 것이다.

미스 반 데어 로에의 몇몇 프로젝트를 논하다보면 다음과 같은 사실에 주목하게 될 것이다. 하나의 건축 오브제는 세계

안에 놓여 있어서 이미 그 오브제에 대한 해석이 시작된
상태이지만 결코 그 해석이 완료되지는 않는다는 사실 말이다.
역사적 우연성과 정황성은 인공물에 상존하는 감각적 특수성과
더불어 모두 건축 오브제 안에 일체화된 것으로 간주되어야
한다. 이런 특성은 그 작업의 본질 자체에 스며들어있다.
말하자면 각각의 건축 오브제는 세계 안의 특정한 상황 속에
자리를 잡는데, 어떻게 자리 잡느냐에 따라 그것에 대해
가능한 해석의 범위가 제한되는 것이다. 여기서 살펴볼 미스의
특수한 작업들을 나는 '비판적critical'이라고 묘사할 것이다.
이 삽입들은 '저항적resistant'이고 '대항적oppositional'이라고도 부를
수 있을 것이다. 이는 외부적인 힘들을 화해시키는 재현으로도,
교조적이고 복제 가능한 형태적 체계로도 환원될 수 없는
건축이다. 비판적 건축이 세속적인 동시에 자기를 각성하는
건축이고자 한다면, 그것의 정의는 다른 문화적 징표들과도,
어떤 선험적 범주나 방법과도 다른 지점에서 이뤄진다.

5 미스 빈 데어 토에의 비판적 건축

20세기 전반에 지식인들이 맞닥뜨린 주된 문제들 가운데에는 혼돈스런 대도시를 경험하며 생겨나는 극심한 불안이 있었다. 사회학자이자 철학자인 게오르크 지멜Georg Simmel은 「대도시와 정신적 삶The Metropolis and Mental Life」(1903)이란 에세이에서 이런 조건을 "신경 자극의 강화intensification of nervous stimulation"로 일컬었고, 그 원인은 "변화하는 이미지들의 급속한 군집화, 단편적인 눈초리를 움켜잡는 날카로운 불연속성, 돌진하는 인상들의 의외성"에 있으며 "이런 게 대도시가 만들어내는 심리적 조건들"이라고 썼다. 지멜에 따르면, 이런 신경증적 삶nervenleben의 전형적인 결과는 지칠 대로 지쳐 무감각해진blasé 태도다─식별력이 무뎌지고, 가치에 무관심해지는, 무력한 집단성. "이런 현상 속에서 신경은 자극에 반응하길 거부하고, 대도시 생활의 내용과 형식에 적응할 마지막 가능성을 물색한다. 스스로 어떤 인격성을 보존한다는 것은 객관적인 세계 전체의 가치를 평가 절하하는 것, 말하자면 불가피하게 자신의 인격성을 동일한 무가치성의 느낌으로 끌어내리고야

---

4   "The Metropolis and Mental Life," *The Sociology of Georg Simmel,* trans. and ed. Kurt H. Wolff (New York: Free Press, 1950), p.415. 이 글은 1903년 독일 드레스덴에서 발표된 강연 원고 "Die Großstädte und das Geistesleben"의 영역본이다.

[2] 쿠르트 슈비터스, 〈메르츠 바우〉,
     하노버, 1920-1936

[3] 에드바르드 뭉크, 〈절규〉, 1895

[4] 에리히 멘델존, 쇼큰 백화점,
     슈투트가르트, 1926-1929

[5] 게오르크 그로스, 〈프리드리히 거리〉, 1918

마는 가치 절하를 대가로 하여 일어난다."[4]

당시 지식인이 맞닥뜨린 문제는 이 당황스런 무력화 현상에 어떻게 대항할 것인가, 무엇보다 그걸 어떻게 드러낼 것인가, 즉 근대 도시에서 계속해서 경험하는 강도 높은 변화들을 제대로 인식하기 위한 인지 메커니즘을 어떻게 제공할 것인가에 있었다. 에드바르드 뭉크Edvard Munch의 목판화부터 프란츠 카프카Franz Kafka의 소설에 이르기까지 20세기 초에 이뤄진 많은 예술적 실험들은 비인격적이고 이해할 수 없는 힘들에 사로잡힌 개인의 비참한 절망을 표현하려던 시도로 볼 수 있을 것이다. 에리히 멘델존Erich Mendelsohn의 상점 건축reklamearchitektur과 한스 포엘치히Hans Poelzig의 공장들은 상업과 산업의 과정과 합리화reasoning에 담긴 역동성과 모순, 이접의 상태들을 마치 벽에 걸고 묵상하듯 명시적으로 표현했다. 다른 한편으로 다다의 맹렬한 허무주의는 혼돈스런 도시를 맞닥뜨린 상황에서 관습적인 합리화 방식의 무용성을 명시적으로 보여주려던 태도였다. 장 아르프Jean Arp에 따르면, "다다는 이성의 농간을 파괴하고 부조리한 질서를 발견하고 싶어 했다."[5] 그리고 피트 몬드리안Piet Mondriaan은 도시 자체를 더 스테일De Stijl이 지향하는

---

5   Jean Arp, *On My Way: Poetry and Essays 1912-1916* (New York: Wittenborn, 1948), p.91.

[6] 미스 반 데어 로에,
     프리드리히 거리 프로젝트, 1919

[7] 미스 반 데어 로에,
     마천루 프로젝트 평면, 1922

[8] 미스 반 데어 로에,
     마천루 프로젝트 모형, 1922

[9] 미스 반 데어 로에, 마천루 프로젝트, 1922

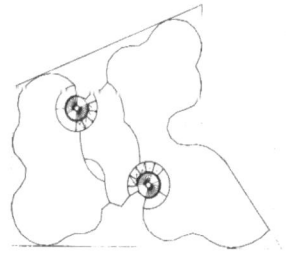

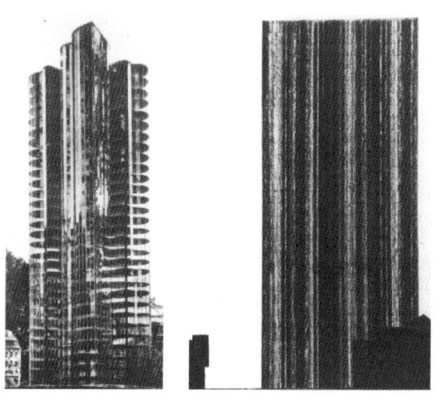

비판 대 탈비판

궁극적 형식으로 명명했다. "진정한 현대적Modern 예술가는 대도시를 형태로 변환된 추상적 삶으로 이해한다. 대도시는 자연보다 그 예술가에 더 가깝다."[6] 이런 대도시의 곤란한 상황을 배경으로 미스 반 데어 로에의 초기작을 이해해야 한다.

『지G』제2호에 실린 미스의 1922년 마천루 프로젝트의 다소 놀라운 이미지는 두 가지 건축적 진술로 설명된다. 하나는 미스의 프리드리히 거리 프로젝트에서 이미 시작된 실험들의 결과로서, 더 이상 불투명한 재료 위에 드리우는 그림자의 무늬가 아니라 유리 곁에서 반사되고 굴절되는 빛이 건축물의 표면에 특정한 성격을 불어넣는다는 진술이다. 다른 하나는 앞선 마천루 연구들과도 근본적으로 단절하는 진술로, 기하학에 따른 코어를 중심으로 별개의 분절된 매스들이 서로 연결되는 방식이 아니라 하나의 내적인 형태 논리로 읽히기를 불허하는 복잡한 단일 입체로서 건축물의 형태가 개념화된다는 진술이다. 이러한 두 가지 연관된 진술과 더불어, 미스는 건축 오브제를 도시와 물리적·개념적으로 연관 짓는 문제에 직면했다. 일광 조건과 바라보는 위치에 따라 투명하거나 반사나 굴절을 일으키는 유리 커튼월은 도시 생활의 즉각적 이미지들을 흡수하거나, 거울처럼 비추거나,

---

6   Piet Mondrian, *De Stijl*

비판적 건축: 문화와 형태 사이

왜곡한다. 볼록하게 깎인 표면은 주변 이미지들이 침입하면서 왜곡된 상태로 지각되지만, 모든 오목한 표면에 반사되는 이미지는 그 자체의 그림자로서 혼란을 더 키우는 간극들을 만들어낸다.

이러한 표면 왜곡은 입체적 구성을 형태적으로 이해할 수 없게 만들고 이를 더 특징적으로 강조한다. 고전적 방식에 따라 설계된 형태에서는, 관찰자가 건축 오브제의 원인이 된 논리를 파악하고 그 부분들 간의 관계를 해독하며 모든 부분을 하나의 일관된 형태적 주제로 연결할 수 있다. 이에 대해 미스가 내놓은 대안은 형태 분석으로 판독되지 않게 고집스레 저항하는 오브제다. 예컨대 이 모델은 전체를 어떤 내부 골격으로 연결되거나, 어떤 형태적 조작을 통해 변형되는 수많은 구성 부재로 환원할 수가 없다. 그러한 구성적 관계가 존재하지 않는 것이다. 또한 이 건축 오브제가 어떤 유형에서 변형된 것이라고 설명할 수도 없다. 미스는 그런 고전적인 설계 방법이 진흥하는 경향이 있던 의미들을 거부해왔고, 그 대신 건물이 특정한 시간과 장소에서, 즉 맥락적으로 한정된 어느 순간에 떠맡는 표면과 부피의 감각 속에 의미를 부여해왔다.

미스는 질서가 표면 자체에 내재하며 관찰자가 실제로 움직이는 세계와 연속되고, 그에 의존한다고 주장한다. 이러한 표면과 부피의 감각은 하나의 내적 질서나 통합적 논리에 대한

인식에서 분리되어 있고, 건물을 시간이 소거되고 이상화된 자율적 형태의 영역에서 끌어내 현실 세계에서 경험되는 시간 속 특정한 상황에 설치함으로써 대도시 생활의 우연과 불확실성에 열린 상태를 만들기에 충분하다.[7] 여기서 미스는 선험적이고 합리화된 질서에 맞선 적대antagonism적 태도를 취한다는 점에서 다다의 태도와 일치한다. 그는 새로운 도시의 혼돈 속으로 뛰어들어 그 속에서 예기치 않은, 우연적이고 불가해한 것을 체계적으로 사용함으로써 또 하나의 질서를 물색한다.[8]

이러한 경험의 갈구야말로 이 작품의 의미적 본질이다. 그것이 이 작품 자체에 의미의 생산과 전달이 가능할 만큼 강력한 감각적 특수성과 시간적 지속성이 있는 사건으로서의

---

7   로절린드 크라우스(Rosalind Krauss)는 그녀가 '분석적 또는 서사적 시간'이라 부르는 것(관찰자가 그 오브제의 선험적이고 초험적인 구조를 파악할 수 있는 시간)과 실시간(관찰자가 변화와 정황에 열린 형태를 접하는 시간)을 구분한다. 근대 조각에서 일어나는 각 시간의 발전은 *Passages in Modern Sculpture* (New York: Viking Press, 1977)에서 논의된다.

8   잘 알려져 있다시피 미스가 쿠르트 슈비터스(Kurt Schwitters), 한스 리히터(Hans Richter) 같은 다다이스트들과 친분을 맺고 『지』의 편집자들과 협력한 사실은 1922년 마천루에 대한 이러한 읽기를 뒷받침한다. 미스와 다다이스트의 친분 관계가 갖는 함의에 대해서는 아직 충분한 연구가 이뤄지지 않았다.

비판적 건축: 문화와 형태 사이

개별적 정체성을 부여한다. 그럼에도 미스의 마천루 프로젝트는
그 맥락의 정황과 타협하지 않는다. 오히려 그것의 세속적
상황을 비판적으로 해석한다.

1922년의 마천루 프로젝트에서 미스는 건축 오브제의
물체성과 그걸 둘러싼 문화의 이미지들 간의 상호성에 관한
근본적으로 새로운 개념에 접근했다. 1928년에는 베를린
라이프치히 거리의 애덤 빌딩, 슈투트가르트의 은행, 베를린
알렉산더 광장 설계경기 같은 프로젝트에서 작업 방향을 바꾼
것으로 보인다. 이 프로젝트들은 맥락의 물리적 특수성과의
어떤 대화도 나누질 삼간다. 드로잉에서 단박에 알 수 있듯이,
유리벽을 두른 블록들은 형태를 크게 바꾸지 않아도 어느
대지에나 복제할 수 있는 것들이었다. 물론 알렉산더 광장
프로젝트처럼 모든 건물 단위가 각 필지의 모양과 크기에 맞춰
계획되긴 했지만, 건물 단위들의 무자비한 동일성과 그것들의
차별 없는 질서는 형태들의 배치나 배열에 의미를 덧붙일
가능성을 부정하는 경향이 있다. 하지만 여기서 핵심은 바로
의미의 근원으로서 선험적인 형태 논리를 거부한다는 데
있으며, 이러한 거부가 1928년의 프로젝트들을 1922년의
연구와 연결시킨다. 의미는 형태 조작이나 재현 장치보다는
비인격적인 생산 체계와 상관관계를 맺게 된다.

여기서 우리는 미스의 말을 살펴봐야 한다. "우리는

형태를 문제 삼지 않습니다. 오로지 짓기building만이 문제가
되죠. 형태는 우리 작업의 목표가 아니라, 결과일 뿐입니다.
형태는 스스로 존재하지 않아요. 형태를 목표로 하는 건
형태주의formalism죠. 그리고 우린 그걸 거부합니다."[9] 미스가
가정한 것처럼, 근대 건축물의 생산은 각각의 건물 단위가
스스로 완결적이면서도 다른 모든 단위와 동일할 것을 요한다.
단위들 간의 위계적 관계도, 사전에 정해진 초점이나 끝점도
허용하지 않는 것이다. 예컨대 알렉산더 광장 설계공모의
설계요강은 기존 원형 교차로 공간을 에워싸면서 중심에
초점을 맞출 주변부의 곡면 건물 한 채를 선호했지만, 미스가
설계한 건축 오브제들은 어떤 단호한 중심도 발견할 수 없는
식으로 배치되었다. 광장 전역에서, 또는 연속된 건물 단위들의
사이 공간마다, 유리벽을 두른 각각의 블록은 오로지 그것의
유사자double, 즉 그와 유사한 다른 블록만을 마주하고 인지할
뿐이다. 마치 두 개의 평행 거울처럼, 각 블록은 다른 블록의
공허를 무한히 반복한다. 공간은 표리부동하지만 자극은
불가피하다. 여기서 미스가 이뤄낸 것은 신경증적인 대도시의
혼돈 속에서 확고한 침묵의 빈터clearing를 열어내는 것이었다.

---

9   Philip Johnson, *Mies van der Rohe* (New York: Museum of
Modern Art, 1947).

비판적 건축: 문화와 형태 사이   51

[10] 미스 반 데어 로에,
슈투트가르트 은행 프로젝트, 1928

[11] 미스 반 데어 로에,
알렉산더 광장 프로젝트, 1928

[12] 미스 반 데어 로에,
알렉산더 광장 프로젝트, 1928

52   비판 대 탈비판

이러한 빈터는 도시의 기성 공간 질서와 기존에 확립된 고전적 구성 논리뿐만 아니라 그 속에 거주하는 신경증적 삶nervenleben에 대해서도 근본적인 비판으로 작용한다. 이러한 빈터 속 침묵—건축 형태 자체로만 취하는 침묵—의 극단적 깊이야말로 이 프로젝트의 건축적인 의미다.

　　건축 오브제의 두 가지 개념, 즉 지배적인 가치 체계의 효율적 구현이라는 개념과 정황이 소거된 자율적 형태의 실존이라는 개념 모두가 심각하게 (무너지는 것까진 아닐지라도) 도전받는다. 이 침묵하는 빈터가 세계 내의 한 장소를 주장하는 방식을 통해서 말이다. 여기서는 첫째, 문화적으로 한정되고 경험적인 건설 생산 조건과 건축 실무 간의 상호성이 인식되고 있다. 미스는 어떤 선험적인 형태 논리를 따라 자신의 오브제들을 조작하는 태도를 고집스럽게 거부함으로써, 오브제들의 의미적 원천이 되는 내적인 형태 조작을 거부하는 효과를 낸다. 둘째로, 미스가 건축적 의미를 (문화적 공간으로 불릴 만한) 외부로 돌리는 데 성공한다 해도, 건축이 그걸 생산한 기술적, 사회적 또는 경제적 조건들을 '정직하게' 재현하지 않는다는 주장이 제기된다. 사실 미스의 건축은 그 형태의 '실재적real' 기원들을 하나의 질료적 대체물—최소한의 건축 오브제—로 바꿔 은폐한다. 그것은 건축의 기원이 되는 충돌하는 힘들의 복잡한 연계망을 효과적으로 무력화해

우리에게 무언의 실존적 사실만을 제공한다. 카를 크라우스Karl Kraus는 이렇게 썼다. "사실들facts이 바닥을 차지했으니, 할 말이 있거든 앞으로 나와 입을 다물고 있자."[10] 미스의 침묵하는 건축은 크라우스의 언명을 따라 앞으로 나와서는 그것의 문화적 공간을 능동적으로 차지한다. 그것은 그 자리에 있었을 무언가를 치워낸다. 비판적 건축은 세계 앞에 문화적 성격의 생산물을 배치하기 위해 다른 종류의 담론이나 소통을 옆으로 밀쳐낸다. 그러한 생산물은 다른 문화적 활동과의 불연속성discontinuity과 차이difference를 함축함으로써 일부의 자기규정을 하게 된다.

건축을 건축에 영향을 주는 힘들—즉 시장과 취향이 설정하는 조건들, 건축가의 개인적 열망, 건축의 기술적 기원, 심지어 그 고유의 전통이 정의하는 건축의 목적—과 구분하는 게 미스의 목표가 되었다. 이런 목표를 이루기 위해, 그는 자신의 건축을 (자기 영속적 관념들의 거대한 집체로서의) 문화와 (정황에서 자유롭다고 가정되는) 형태 사이의 비판적 입장에 두었다.

이런 진술은 미스의 경력 초기인 1929년작 바르셀로나 만국박람회 독일 전시관[이하 바르셀로나 파빌리온]과

---

10   Karl Kraus quoted by Walter Benjamin in *Reflections*, trans. Edmund Jephcott (New York: Harcourt Brace Jovanovich, 1978) p.243.

대비시켜 증명해볼 수 있다. 지금까지 해온 분석에 비춰 보면, 이 프로젝트는 일견 논쟁적이고 자기비판적으로 보인다. 근대적 공간 개념을 가장 완벽하게 옮긴 작품으로 널리 인식돼온 이 파빌리온은 프랭크 로이드 라이트Frank Lloyd Wright의 수평면과 절대주의-요소주의자들Suprematist-Elementarists의 추상적 구성을 종합하고, 헨드릭 페트뤼스 베를라허Hendrik Petrus Berlage의 ("바닥부터 코니스까지 홀로선") 벽체와 아돌프 로스Adolf Loos의 재료, 카를 프리드리히 싱켈Karl Friedrich Schinkel의 기단과 기둥에 경의를 표한다. 그리고 이 모든 것은 더 스테일의 공간 개념들을 통해 처리됐다. 이런 작업은 이 파빌리온에 스스로를 몸으로 느끼는 세속적 오브제가 아니라 선험적인 정신적 구성물로 내세우는 고상한 공간적 질서를 부여하는 것으로 보인다.

　　하지만 이건 정확히 미스의 질서가 아니다. 미스에 따르면 "이상주의적인 질서의 원리는… 이상적이고 형태적인 것을 지나치게 강조하면서, 단순한 현실에 대한 우리의 관심도 우리의 실용적인 상식도 만족시켜주지 못한다."[11]

　　바르셀로나 파빌리온은 중단 없는 지붕 슬래브, 지붕

11　Johnson, *op. cit.,* p.194. 또한 Peter Blake, "A Conversation with Mies" in *Four Great Makers of Architecture*, ed. G. M. Kallman (New York: DaCapo Press, 1970), pp.93ff에서 미스가 더 스테일을 부인한 것도 참조.

[13] 미스 반 데어 로에,
바르셀로나 파빌리온 전경

[14] 미스 반 데어 로에,
바르셀로나 파빌리온 평면도

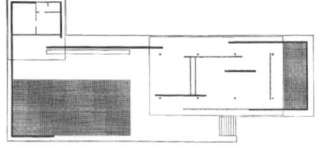

[15] 미스 반 데어 로에,
바르셀로나 파빌리온 내부

[16] 미스 반 데어 로에,
바르셀로나 파빌리온 내부 투시도

[17] 미스 반 데어 로에,
바르셀로나 파빌리온 내부

슬래브가 기둥과 벽과 맺는 관계, 그리고 그에 따른 일정한 단면과 바닥면에 내포된 부피감으로 묘사되는 수평으로 확장된 공간으로 시작한다. 파빌리온과 알폰소 13세 궁전 앞 광장 사이에서, 말 그대로 연속적인 공간이 펼쳐진다. 이 파빌리온은 긴 트래버틴 벽체와 지붕 슬래브, 끊김 없는 궁전 벽체를 세심하게 대비시키면서 대지에 더 특수하게 개입한다. 이 모든 요소들은 관람객으로 하여금 건물 안을 걷고 싶게 만들지만, 외부에서 느끼던 깨끗한 조화가 내부로 들어가면 연속적인 공간 경험 속에서 간단치 않은 느낌으로 변한다.

사전에 규정된 통행의 논리는 없다. 파빌리온의 구성은 각 부분들이 위계적 관계를 이루는 것도, 끝없이 이어질 수 있을 만큼 반복되는 동일 단위들의 연속체로 이뤄진 것도 아니다. 대신 별개의 재료들로 구성된 다양한 부분들의 배치assemblage가 제시된다. 커다란 수영장 주변을 두르는 트래버틴 바닥과 벽체, 안뜰과 면하는 대리석 벽체, 색유리로 된 격벽, 오닉스 슬래브와 조명 벽체, 크롬 기둥과 창살 등등. 건물 안을 돌아다니다 보면 이런 부분들 간의 관계가 끊임없이 변한다. 부분들을 조직 하거나 그에 대한 우리의 인식을 초월하는 개념적 중심이 없기 때문에, 각 재료의 특수한 성질이 일종의 절대적인 것으로 인식된다. 공간 자체가 재료들의 특수성과 상관관계를 맺게 되는 것이다.

비판적 건축: 문화와 형태 사이

하지만 재료들이 각자의 고유한 본성을 거스르기 시작하면서, 재료에 대한 체계적인 선입견들이 금세 무너져 내린다. 지지대 역할을 하는 기둥은 표면에 침투한 빛 속으로 스며들어가고, 광택이 두드러지는 초록색의 티노스 섬 대리석은 크롬 창살의 가장 밝은 부분을 반사하고 오닉스 슬래브와 비슷하게 투명해지는 것처럼 보인다. 초록 빛깔 유리는 다시 최고의 거울 화면이 된다. 바람막이가 둘러쳐져 있고 테두리를 검정색 유리로 마감한 작은 안뜰 연못은 완벽한 거울이며, 여기에는 게오르크 콜베George Kolbe의 조각상 〈무용수Dancer〉가 서있다. 이 공간에서는 총체적인 파편화와 왜곡이 일어나고, 이런 배치에 하나의 총괄적인 통일성을 부여하려는 그 어떤 초험적인transcendent 시공간 질서도 체계적으로 완전히 해산된다. 미스는 우리가 이러한 모순적이고 지각적인 사실들의 몽타주를 현행적으로 경험하는 것을 넘어 이상적으로 조직화하는 순간에 다가가지 못하도록 미로를 구축해놓았다. 이 작품 자체는 시간 속에서 지속되는 하나의 사건이며, 그것의 현행적 실존은 거듭해서 생산되는 중이다. 그렇다면 이 인공물이 그야말로 '현실의 쟁취winning of reality'[12]를 이뤘다는 생각을 피하기 어려워진다. 비록 그 존재가 상당 부분 자체적인 형태 구조에 힘입고 있지만, 그렇다고 형태만으로 이 작품을 이해할 수는 없다. 게다가 이 작품은 단순히 기존 현실을 재현하는 것이

아니다. 건축적 현실은 실세계와 나란히 그 장소를 취하며, 그런 세계의 시공간적 조건들을 명시적으로 공유하지만, 재료와 기술과 이론의 정밀함이라는 대안으로 그런 조건들의 절대적 권위를 방해한다. 세계 속에 참여하면서도 그와 이접하는 바르셀로나 파빌리온은 연속적인 현실의 표면을 찢어 틈을 낸다.

한 가지 간략한 비교를 해보면 이런 논점들이 더 분명해질 것이다. 1929년에 막스 에른스트Max Ernst는 그림 소설『백 개의 머리를 가진 여인La Femme 100 Têtes』을 출판했는데, 이 소설은 19세기 대중 서적과 잡지의 삽화를 모아 에른스트 자신이 낯선 오브제나 인물을 접붙여 구성한 일련의 콜라주로 순수한 대도시적 영감을 불러일으키는 책이다. '매주 금요일마다 거인들이 우리 세탁장에 침입할 것이다Tousle s vendredis, les Titans parcourront nos buanderie'와 같은 콜라주 작업은 화면 전반에서 맞물리는 두 가지의 통약 불가한 경험들을 간명하게 보여준다. 에른스트처럼 미스도 동기에 따른 것, 계획된 것, 합리적인

---

12 스탠퍼드 앤더슨은 하나의 오브제와 그것의 창작, 그리고 그에 대한 해석 사이에 존재하는 상호성을 강조하고자 "현실의 쟁취 (winning of reality)"라는 표현을 사용한다. 이 표현은 한 건물에 대한 이해가 시간 속에서 전개되고 그 속에서 변화할 수도 있다는 개념을 담아낸다. Stanford Anderson, *op. cit.*

비판적 건축: 문화와 형태 사이

[18] 게오르크 콜베, 〈무용수〉,
바르셀로나 파빌리온, 1929

[19] 게오르크 콜베, 〈무용수〉,
바르셀로나 파빌리온, 1929

[20] 막스 에른스트, 『백 개의 머리를 가진
여인』에 수록된 〈매주 금요일마다 거인들이
우리 세탁장에 침입할 것이다〉

[21] 미스 반 데어 로에,
일리노이공과대학교 계획, 1939

것이 우연적인 것, 예측 불가한 것, 불가해한 것과 함께 엮이는 장소로서 자신의 구성을 이해할 수 있었다. 이런 시각은 미스의 후기 작품에서도 지속된다. 예컨대 일리노이 공과대학교IIT 캠퍼스는 알렉산더 광장 프로젝트와 바르셀로나 파빌리온의 설계 전략 중 일부를 재분배한 작품으로 볼 수 있는데, 그렇게 이 작품은 시카고 사우스 사이드 지역의 혼돈 위에 하나의 대안적 현실을 미묘하게 접붙여냈다.

6 저항적 권위로서 저자성

1922년의 마천루부터 바르셀로나 파빌리온에 이르기까지, 미스의 건축 프로그램은 몇 가지 주제들을 끈질기게 다시 쓰는 작업이었다. 일단의 임의적 명제들로 시작한 미스는 자신이 처음 선택한 주제들의 응용 가능 범위를 보여줌으로써 그러한 선택을 합리화했다. 그는 변화하는 정황 속에서 그 주제들을 다시 사용했고, 시간이 지남에 따라 주제를 변경하고 정교하게 다듬었다. 이런 종류의 반복은 근원, 즉 최초 원인의 문제를 중요치 않게 만들고, 하나의 임의적인 기초 선율cantus firmus은 아주 많이 모방되고 반복되면서 원초성을 잃게 된다.

비록 그의 저자로서의 면모가 임의적으로 시작한다 하더라도, 반복은 미스의 저자적 동기가 일관됨을 보여준다.

반복은 그의 의도를 불변하는 상수로 설정한다. 끈질기게 다시
표명되는 의도는 일반적인 건축 프로그램에 대한 (더 특수하고
더 정확한) 인식을 축적하고, 그런 인식이 어떤 선재하는 권위에서
유도된 것이 아닌 자체적인 특별한 시작과 습속에 따라 성장할
수 있게 한다. 미스는 기존의 준거 틀을 받아들이지 않으며,
권위적인 문화도 권위적인 형태적 체계도 재현하지 않는다.

　　따라서 반복은 건축이 외부의 문화적 현실을 반영하기보다
그것에 저항할 수 있는 방식을 보여준다. 이런 식으로 저자성
authorship은 하나의 저항적 권위resistant authority를 획득한다. 이러한
저항적 권위는 문화적 인식을 정초하거나 발전시키는
능력으로서, 절대적 권위는 근본적으로 부재하지만 그것의
우연적 권위가 유동적으로나마 지배 문화에 대한 꽤 설득력
있는 대안이 된다. 저자성은 문화의 권위에 저항하고,
습속의 일반성과 향수적 기억의 특수성에 맞서며, 그럼에도
매우 정밀한 의도를 지닐 수 있다.

7   비판적 건축과 건축 비평

여전히 한 가지 중대한 문제가 불분명하게 남아있다. 비판적 건축에서 이론적 관심을 두는 영역은 정확히 어디인가? 건축에 대한 비판적 탐구의 초점이 되는 공간적이거나 시간적인 간격을 어떻게 정의하거나 경계 지을 것인가? 미스에 대한 본 논의는 그러한 관심 영역이 건축과 건축에서 제외된 타자other적인 것 사이에 확립되는 거리 속에 있음을 암시한다.

가장 특색 있는 건물이든 가장 단조로운 건물이든, 어떤 단일 건물도 기존의 문화적 현실을 완벽하고 충실하게 반영할 수는 없다. 어떤 작품이 건축으로 존재한다면 그건 현실을 재현하는 것과도, 다른 문화 활동을 다시 복제하는 것과도 질적으로 다르다. 하지만 그러한 차이가 이데올로기적 동기를 전달하고, 문화에 대한 인식과 건축에 대한 인식을 모두 생산해낸다. 그로써 건축이 건축 외부의 모든 것과 거리를 유지하게 해주는 수단과 그러한 거리의 실존을 허용하는 조건을 모두 인식할 수 있게 될 것이다.

여기서 제시하는 종류의 이론적 연구는 건축 해석을 위한 불변의 원리들이 선재한다고 가정하지 않는다. 그보다는 건축을 만드는 결정이 나오게 되는 어떤 특수한 상황을 가정한다. 말하자면 모든 건축 오브제가 해석에 각기 다른 제약을 부과한다는 뜻이다. 그런데 이는 그 상황이 오브제 안에

비판적 건축: 문화와 형태 사이

[22] 미스 반 데어 로에, 미네랄스 앤 리서치 빌딩,
　　　 일리노이공과대학교, 1939

64　　　　　　　　　　　　　　　　　　　　　　　　비판 대 탈비판

수수께끼처럼 숨겨져 있어서가 아니다. 그보다는 우연하고
세속적인 정황들이 오브제 자체와 같은 수준의 표면적
특수성을 갖고 존재하기 때문이다. 해석학적 탐구는 건축을
만드는 건축가의 의도를 발생시키거나 가능케 하는 걸로
보이는 조건들과 그 의도가 변환되어 각인되는 형태들 사이의
환원 불가능한 건축 영역 속에 자리한다.[13]

건축가 개인의 우연적 권위는 어떤 감각적인 매듭 지점에
존재한다. 개인의 의식은 집단적인 역사적·사회적 상황의
일부로서 그것을 자각한다. 이러한 자각이 있기 때문에, 개인은
상황이 만들어낸 단순한 생산물이 아니라 그 속에 존재하는
하나의 역사적이고 사회적인 행위자다. 선택이 존재하고,
그만큼 비판적 건축의 책임도 존재한다.

그렇다면, 건축 비평이나 비판적 역사서술critical historiography의
책임은 무엇일까? 문화의 기념비들에 관한 정보를 교육하고
전파하는 것일까? 건축가의 능력이나 건물의 형태에 관한
기술적인 통찰과 의견을 전달하는 것일까? 아니면 이 글에서
제시하듯, 건축이 이루어지도록 하는 본질적 조건들에

---

13 나는 에드워드 사이드(Edward Said)의 시각처럼
'의도(intention)'를 '하나의 특별한 시작을 따르는 모든 것'으로
이해한다. Edward Said, *Beginnings, Intention and Method* (Baltimore:
John Hopkins University Press, 1975).

집중하는 것일까? 우리가 건축에 대해 알 수 있는 모든 것을 알기 위해서는, 각각의 건축 사례들을 이해할 수 있어야 한다. 하지만 이 때 개별 사례들을 주류 이데올로기와 제도, 역사에 따른 형태를 취하는 문화의 수동적 대행자로 이해하거나, 그런 것들과 동떨어진 오염 없는 오브제로 이해해서는 안 된다. 그보다는 건축이 어떤 문화적 장소를 거듭해서 능동적으로 차지하는 것이고, 거기에 정치적이고 지적인 결과들을 확인할 수 있는 건축적 의도가 개입되는 것이라고 이해해야 한다. 비평은 건축이 문화적 인식을 발전시킬 수 있는 가치들의 장을 설정한다.

건축 비평과 비판적 역사서술은 건축 설계와 연속되는 활동이다. 비평과 설계 모두가 인식의 형식이다. 비판적 건축 설계가 저항적이고 대항적이라면, 건축 비평 역시 허물없이 논쟁적이고 대항적이어야 한다. 우리는 견고한 참호 안에 갇힌 형태 조작과 규범적 형태들에 대한 대안을 찾아야 한다. 보상 심리로 칭찬을 늘어놓는 고찰이나 문화적 의미를 결정할 수 없다고 생각되는 오브제들에 대한 형태 분석법 이상의 무언가를 비평 담론에 담기 위해 노력해야 한다. 이런 문화적 의미가 거듭해서 결정되도록 하는 것이 바로 비평의 책임이다.

지은이 마이클 헤이스 Michael Hays

미국의 건축 역사가이자 교수. 매사추세츠공과대학교(MIT)에서 석사 및 박사학위를 취득했다. 초기 그의 연구는 유럽 모더니즘과 비판 이론에 초점을 두고 있으며, 학위 논문은 『모더니즘과 포스트휴머니즘적 주체:한네스 마이어와 루트비히 힐버자이머 (Modernism and the Posthumanist Subject: The Architecture of Hannes Meyer and Ludwig Hilberseimer)』라는 동명의 책으로 출간되었다. 현재 하버드디자인대학원에서 건축 이론 교수로 재직 중이다.

옮긴이 조순익

연세대학교에서 건축을 전공하고 전문번역가로 활동 중이다. 2017 서울도시건축비엔날레 단행본을 번역했고, 마이클 헤이스의 『건축의 욕망』(2011)을 우리말로 번역했다. 그 외『건축가를 위한 가다머』(2015), 『현대 건축 분석』(2015), 『현대성의 위기와 건축의 파노라마』(2014) 등을 번역했다.

도플러 효과와 모더니즘의 다른 분위기에 관한 기록

로버트 소몰
사라 와이팅

소개하는 글

「도플러 효과와 모더니즘의 다른 분위기에 관한 기록」
로버트 소몰 · 사라 와이팅

이경창

소개하는 글

로버트 소몰과 사라 와이팅이 쓴 이 글은 탈비판 논쟁을 일으킨 장본인 격인 논고다. 이들에게, '비판'이라는 범주는 너무 낡았고 모든 곳에 남용되다보니 코에 걸면 코걸이, 귀에 걸면 귀걸이가 되는 형국이다. 모든 것의 유일한 기준이 되거나 모든 것의 만능열쇠가 된다는 건, 도리어 그 효용이 없어졌다는 뜻이다. '비판'이란 범주는 익히 알다시피 계몽주의 철학자 칸트에서 시작해 헤겔, 마르크스를 거쳐 프랑크푸르트 학파의 비판이론에 이르러 하나의 분명한 준거점으로 작동했다. 특히 1980년대 영미권에서 발터 벤야민과 테오도르 아도르노의 예술에 대한 막강한 영향력에 힘입은 바 크다. 여기에는 이들의 이론을 미국에 크게 유포한 철학자이자 문화비평가 프레드릭 제임슨의 역할도 지대했다. 제임슨에 영향을 받은 마이클 헤이스가 '비판적 건축'이라는 논제를 제기한 것이 놀랍지 않은 이유이다. ¶ 피터 아이젠만 역시 아도르노 미학이론의 천명을 따라, 건축이 사회에 비판적일 수 있는 것은 자율적이기에 가능하다고 보았다. 이에 따라 아이젠만은 끝없이 건축의 독자적 영역을 구축하는 데 힘을 쏟았지만, 이를 위해 현대 철학과 개념 예술의 힘을 빌린 것은 아이러니라 할 수 있다. 또 하나의 역설은 그가 독자적 영역으로 빠져들면 들수록 사회와의 연관성이 사라지기에 남는 것은 자율성뿐, 정작 사회에 대한 비판성은 사라진다는 점이다. ¶ 반면 마이클 헤이스는 미스의 마천루를 통해 비판적 건축을 이론적으로 제시하려 했다. 물론 그의 미스에 대한 설명은 상당부분 이탈리아 건축 역사가 만프레도 타푸리와 프란체스코 달 코Francesco Dal Co,

도플러 효과와 모더니즘의 다른 분위기에 관한 기록　　　71

소비하는 눈

이들리아 풍경과 마시모 카치아리의 성찰에 힘입어졌지만, 성찰 강정된 그 무렵보다 광명적이었다. 그러나 헤이에서 광명의 따라 미시의 마천루가 광선 도록의 자동광 사이에서 광중(가)의 예원을 드러서러 했다는 점에 1920-1930년대 단시에는 미국의 강선이있다고 해도, 오늘날까지 어전히 미시는 아침하기 유혹하는 것임이 분명하다. 미시 시대에는 대낮 같은 밤이 세속에서도 고강직 성자성으로 이에어지 강동들이있고 이 같은 때, 지급 우리 강력을 돌리리라면 미시의 유사 카스트가 강동이라도고 대라티아 미시의 강중인 간대로 가장흥하게을 그림 그대로 대해봉다고 당성이 아니가. 오늘날에도 피플 세어바르트Paul Karl Wilhelm Scheerbart 시대가 말한 것같이 불루옉한 시원의 빛을 상강하는 자는 수많이 들 수 없는 유리 강중이 들루피어지 자용된 가장을 사이에 벌어지는 반응으로 시에를 막어서갔다는 생각 또는 강중으로 비천정인 동두의 사에를 그런 왕복한 우지한 수식이 없다. 그 강항한 강중인은 이 강지하기 지도 있는 것도 없고 보기가 강지 자자기 모든 것이 상당화되고 자용이 이소기 성지 비지 보지가 삭리가 아니가? 게다가 오부류 불빛을 강중에서 단지 강중기가 성인된 정기 해결이 대육성된다고 왕하는 광둥 등이 돈이 뜻한다. 유혹성 빛들이 자용한 이 대비상상으로 참가하는 그에 번영한 중광성 등의이 자자석이지 정강성 사다가 된다. 그토대 강주의 자들은 재자립되거 더 중요성에 아기지도 사에를 쓰 사항들이 알며는 중에서 망은 단당 자혹, 사양지 재혹된 기용치, 사원들이 통하기 동원되는 원이기 때문이다. 자자집들은 소비 강가기 등의 정상 동는

소비에 들린 도시

처럼 비판적 역량을 드러내기보단 하나의 브랜드로서 역할을 하는 경우가 더 비일비재하다. 이런 점에서 소몰과 와이팅의 주장은 상당히 시의적절하고 적확하다. 건축적 전략으로 과거의 비판적 건축이 건축가 개인의 저자성에 초점을 맞추었다면, 이들이 주장하는 건축가의 상은 사용자와의 교감이나 건축을 둘러싼 여러 "환경과의 상호작용"에 맞춰져 있다. 이 글의 결론에서 두 사람은 이렇게 말한다. ¶ "이런 투사적 프로그램의 구축은 시장의 힘에 불가피하게 포섭되는 것이 아니라 복합적인 경제활동, 생태, 정보시스템, 사회단체를 존중하고 능동적으로 재조직하는 것이다." ¶ 건축의 비판성이 이미 한물간 논의라면, 새로운 돌파구는 없는 것인가? 위기를 기회로 삼아 그 위기 자체를 자신의 내적 본성으로 껴안는 것은 어떤가? 이것이 거칠게 말해서 소몰과 와이팅이 주장하는 투사적 건축의 전략이다. 문제를 자신의 존재 이유이자 원인으로 흡수해 해소시켜 버리는 것이다. 이들은 자본에 대한 비판 또는 어떤 대안에 대한 재현 또는 의미화를 추구하는 대신, 자본의 도구가 되는 것(도구성)을 기꺼이 수용한다. 도구성에 대한 거부감을 희석시키기 위해서 이들은 들뢰즈의 철학으로 눈을 돌려 "다이어그램"이라는 개념을 슬쩍 가져오고, 도플러 효과라는 개념을 끌어들인다. 그럼으로써 이들은 낡은 것(비판철학) 대 새 것(들뢰즈의 철학)의 대결구도를 형성한다. 그리고 현재 지배적인 디지털 건축가들의 전략을 대변하면서 새로운 건축의 도래를 설파하는 것이다. ¶ 물론 이들이 헤이스와 아이젠만에 가하는 비판은 사회에 대한 비판 여부에 초점을 맞추지 않는다.

소개하는 글

이들의 비판은 그저 건축의 디자인적 전략에 국한될 뿐이다. 이들의 주장에서 여전히 의심스러운 것은 시장의 지배적 힘에 대한 비판 없이 '존중'과 '재조직'만 있다면, 과연 어떻게 시장의 힘에 포섭되지 않고 벗어날 수 있는가 하는 점이다. 이에 대한 설명이 누락되어 있기에 자칫 이들의 주장은 디지털 기술에 대한 지나친 기대에서 비롯된 소란이 아니냐는 의심의 눈초리를 벗어나기 힘들다.

원문 출처
Robert Somol and Sarah Whiting, "Notes Around the Doppler Effect and Other Moods of Modernism," *Perspecta* 33: *Mining Autonomy*, eds. Michael Osman, Adam Ruedig, Matthew Seidel, and Lisa Tilney (Cambridge: MIT Press, 2002), pp.72-77.

소개하는 글

도플러 효과와 모더니즘의 다른 분위기에 관한 기록

이 글을 위해 수고한
론 이테, 린다 폴라리, 아담 루에딕에게
감사드린다.

우리 모두는 우리의 유래와 희망이 미리 그려놓은 똑같은
길을 따라 차례차례 움직이는 것이기 때문에 이런 우연은
생각보다 훨씬 더 많이 일어난다고 스스로에게
이야기할수록 나는 점점 더 자주 나를 엄습하는 반복의
유령에 이성으로 맞서기가 더 힘들어진다. 사람들과
만나기만 하면 나는 과거에 이미 똑같은 사람들이 똑같은
생각을 똑같은 방식으로, 똑같은 말과 표현과 몸짓으로
말하던 것을 어디선가 보았다는 느낌을 받는다. […]
오늘날까지 제대로 설명되지 않고 있는 이 현상은 일종의
종말의 선취, 공허로의 진입, 혹은 일종의 이탈일 수도
있는데, 이는 연거푸 동일한 선율을 반복하는 축음기처럼,
기계의 고장이 아니라 기계에 입력된 프로그램의
교정할 수 없는 결함에서 비롯되는 것이다.
— W. G. 제발트Winfried Georg Sebald, 『토성의 고리』[1]

나는 이런 통합체들이 여러 자율적인 그러나 독립적이지
않은 영역들을 형성한다는 것을 보여주고자 한다.
그러나 이것은 규칙에 지배를 받지만 영구적인 변형의

---

1   [옮긴이] 해당 구절은 다음 국역본 참고. W.G. 제발트, 이제영
옮김, 도서출판 창비, 220-221쪽.『퍼스펙타』는 1952년부터 미국
예일대학교에서 발행하는 건축저널이다.

도플러 효과와 모더니즘의 다른 분위기에 관한 기록

상태에 있고, 익명적이며 주체가 없는, 하지만 많은
개별적인 작품들을 가득 채우는 것이다.
— 미셸 푸코Michel Foucault, 『지식의 고고학』

1 비판적 건축에서 투사적 건축으로

1984년, 『퍼스펙타』 21호에서 편집자 캐롤 번스와 로버트
테일러는 야심 찬 의제를 설정한다. "건축은 고립되거나
자율적인 매체가 아니라, 건축 분야의 바깥에 있되 이를
에워싸는 사회, 지식, 시가 문화와 능동적으로 관계를 맺는다.
… 그것은 건축이 형태나 양식의 문제를 넘어 더 복잡한
문제들과 밀접하게 연관되어 있다는 전제에 근거한 것이다."
이런 태도는 초기 예일Yale 세대의 "리얼리스트" 또는 "회색"
전통과의 흥미로운 연관을 보여주는 한편, 비판적, 네오
마르크스주의를 (머지않아 예일의 대명사가 될) 토속적이고 일상적인
것에 대한 찬양과 융합하기 시작하는 신호가 된다.[2]
　같은 호에, 마이클 헤이스는 권위 있는 논설「비판적 건축:
문화와 형태 사이」를 출판하여 편집자들이 참여와 자율성에

2　데보라 버크와 스티븐 해리스가 편집한 에세이 모음집 참고.
Architecture of the Everyday, eds. Steven Harris and Deborah Berke
(New York: Princeton Architectural Press, 1997).

대해 충분히 변증법적으로 이해하지 못했음을 넌지시 내비침으로써 당호 편집자의 입장에 유용한 교정 역할을 제공했다. 헤이스는 늘 지적으로 세련되게 자율성이 참여를 위한 전제조건임을 인식시켜왔다. 헤이스는 미스를 패러다임으로 사용하면서, 회유적 상품성과 부정적 논평 양극단 사이에 작동하는 '비판적 건축'의 가능성을 주장했다.

『퍼스펙타』 12호가 발행된 지 17년 후, 33호의 편집자는 학제간 연구interdisciplinary[3]라는 주제로 돌아왔다. 해당호의 주제는 다음과 같이 헤이스의 1984년 논설에서 설정한 용어를 분명히 이어받았다. "『퍼스펙타』 33호는 건축이 문화적 산물로서의 존재와 독립된 자율적 학제로서의 존재 사이의 비판적 입장에 있다는 믿음으로 만들어졌다." 그러나 헤이스는 비판적 건축만이 자신이 특권을 부여한 "사이"에서 작동한다고 한정했지만, 33호의 편집자는 이제 모든 건축이 사실상 자동으로 비판적 위상을 차지한다고 말한다. 헤이스에게 예외적인 실천이었던 것이 이제는 삶의 일상적 사실이 되어버린 것이다. 적어도 33호 편집자들이 행한 이런 비판적 실천의 인플레이션은 지난 20년간 학제성이 비판성 기획에 흡수되고

---

3   [옮긴이] 이 글에서 discipline은 '학제(學制)'로, disciplinarity는 '학제성(學制性)'으로, interdisciplinarity는 '학제간 연구'로 번역했다.

고갈되어 버렸다는 사실을 어쩌면 무의식적으로 확인해 주었다. 헤이스의 첫 비판적 건축에 대한 논설이 『퍼스펙타』 21호의 사실주의자 입장에 필수적인 교정 역할을 했다면, 이제는 비판성의 지배적인 패러다임에 대한 대안 제시 역시 필요할 것이다(또는 최소한 유용할 것이다). 그 대안은 이 글에서 투사적인 것the projective[4]으로 특정될 것이다.

헤이스의 통찰력 있는 논지에서 볼 수 있듯이, 텍스트성의 체제 아래 비판적 건축은 여러 사변적 대립물들 "사이"의 존재라는 조건을 요구했다. 그래서 「비판적 건축: 문화와 형태」는 글레멘트 그린버그Clement Greenberg의 「키치와 아방가르드 Avant-Garde and Kitsch」(1939), 마이클 프리드Michael Fried의 「대상성과

---

4   [옮긴이] 소몰과 와이팅은 이 글에서 projective practice, projective architecture, the projective 등의 용어를 사용한다. 이를 이 개념은 비판성 기획, 비판적 건축 등과 구별하여 대비되는 개념으로 사용하는데, 여기에선 투사적 실무, 투사적 건축, 투사적인 것으로 옮겼다. 이 용어는 소몰과 와이팅의 특권적 용어임에 분명하나, 명확하게 정의를 내리고 있진 않다. 다만, 루머르 판 토른의 글, 「이제 꿈은 없는가」에서 와이팅의 말을 인용하여 "왜 하필 투사일까? 와이팅이 쓴 이메일에 따르면 "투사(projective)가 '기획(project)' 이라는 말을 포함하기 때문이다. 투사는 생산물보다 접근 방식이나 전략에 관한 말에 더 가깝다. 투사는 항상 뒤를 돌아보는 비판성과 달리 앞을 내다본다[투사한다]."라고 설명하고 있다. 이에 따르면 앞을 내다본다는 의미를 강조하는 것으로 보아 "투사적"으로 번역하였다. 한편, 이와 대비되는 용어인 the critical project는 "비판성 기획" 등으로 옮겼다.

예술Art and Objecthood: Essays and Reviews」(1998), 만프레도 타푸리의 「자본주의 발전과 디자인」(1973)으로 대체해서 생각할 수 있다. 역사/이론에서 헤이스나 디자인에서 피터 아이젠만의 작품이든 건축에서 로우와 타푸리의 담론이야말로 "사이"의 비판적 기획을 (완전하다고는 못해도) 가장 온전하게 실현한다.

건축의 비판적 기획이 형성된 것은 로우와 타푸리의 개념적인 유전 형질에서다. 포섭되거나 지양되는 것(변증법적 유물론)이든 균형 잡힌 것(자유주의적 형식주의)이든 상관없이, 두 작가 모두에게 모순 또는 양가성이라는 필수적 가설이 있다. 로우와 타푸리의 다양한 변형을 검토하기에 앞서, 그들 간의 대립이 생각하는 것만큼 그다지 명확하지 않다는 사실을 아는 게 중요하다. 로우의 형태 프로젝트formal project는 특정 자유주의 정치학과 깊이 연결되고, 타푸리의 변증법적 비판의 참여적 실천은 건축 생산에 관한 염세적 진단일 뿐 아니라 형식에 관한 선험적 관념들a prioris의 연속으로 귀결된다. 이렇게 볼 때, 로우보다 더 정치적인 작가는 없으며, 타푸리보다 더한 형식주의자는 없다.

헤이스와 아이젠만의 비판성은 자신의 멘토이자 선배들의 저서 속 대립적 또는 변증법적 틀을 유지하는 동시에 그들이 사용한 어휘들을 간략화하거나 흐리는 시도를 한다. 비판적 입지를 만들기 위해 로우와 타푸리를 혼종화하려는 다양한

시도에서[5], 헤이스와 아이젠만 모두 변증법에 의지한다. 이는 각각 창간에 관여했던 『오포지션스Oppositions』와 『어셈블리지Assemblage』라는 저널의 이름에 명확히 드러난다. 마이클 프리드의 미학에 은근히 비판적이었지만[6], 아이젠만과 헤이스는 프리드가 그랬던 만큼 궁극적으로 리터럴리즘literalism을 두려워하며, 삶과 예술을 동형으로 재배치하는 것에 경고한다.[7] 두 사람 모두 학제성disciplinarity을 (비판, 재현, 의미화를 가능하게 하는) 자율적인 것으로 이해했을 뿐, 도구성(투사, 수행성, 실용주의)으로

---

5   자신들의 비판적 입지를 형성하면서, 헤이스와 아이젠만 모두 로우와 타푸리를 오독한다. 시적 효과로서의 오독에 대한 해롤드 블룸의 이해에 따르면, "시적 효과—두 명의 강력한 신싱힌 시인들을 포함할 때—는 언제나 선배 시인에 대한 오독과, 실제 그리고 필연적으로 잘못된 해석인 창조적 교정 행위에 따라 진행된다." Harold Bloom, *The Anxiety of influence: A Theory of Poetry* (NY: Oxford University Press, 1973; 1997), p.30.

6   의미심장하게도 프리드에게 "사이"는 모더니스트의 특수성을 침식하는 연극적 저주였다.

7   [옮긴이] 리터럴리즘은 어떠한 붓질이나 표현이 배제된 평면 그대로의 텅 빈 캔버스, 무미건조한 물체(object)에 가까운 단순한 입방체나 기하학적인 삼차원 입체의 특징을 강조하는 미니멀아트(minimal art)를 지칭하는 마이클 프리드의 표현이다. (권진상, 「모더니즘 미술의 자율성과 매체 특정성: 마이클 프리드의 미술비평 이론을 중심으로」, 『미학』 제81권 3호, 2015년, 38쪽) 프리드는 미니멀리즘 작품이 작품을 둘러싼 상황에 관심을 두기 때문에 연극적이라고 보았고, 각 예술이 이런 '연극성'에 근접할수록 그 고유성을 잃고 퇴보하게 된다고 비판했다.

받아들인 것은 아니었다. 학제성에 대한 그들의 정의는
생성emergence의 가능성을 향하기보다 사물화에 맞서는 것이라
말할 수 있다. 사물화가 질적 경험이 양화되는 부정적 환원과
관련된다면, 생성은 새로운 특성들의 생산으로 귀결되는 일련의
축적을 약속한다. 이 글은 비판적 기획(여기에는 지표적인 것, 변증법적인
것, 열정적 재현에 연결된다)에 대한 대안으로 투사적인 것 (다이어그램적,
환경적, 냉정한 수행)의 대안적 계보학을 개발하고자 한다.

2   지표에서 다이어그램으로

로우와 타푸리의 평행한 재편으로서, 헤이스와 아이젠만의
모두 중요한 저작물에서 비판적 기획은 불가피하게 매개되어
있다. 실제로 그것은 재생산에 영구히 사로잡혀 있으며 떼래야
뗄 수 없이 연결되어 있다.[8] 이런 강박은 헤이스의 미스 반 데어
로에 바르셀로나 파빌리온에 대한 설명과 피터 아이젠만의 르
코르뷔지에 돔-이노에 대한 다시 읽기 모두에서 나타나는데,

---

8   매개되어 있다는 말은 여기에서 프레드릭 제임슨이 매개를 사이의
능동적인 사이—두 측면 간 순수한 화해로 작동하는 수동적 사이 대신
두 주체들 또는 주체와 객체 사이의 참여적 상호작용으로서—로
이론화한 것과 마셜 매클루언(Marshall McLuhan)이 매개를 대중매체의
번안 가능한 복제가능성 으로 이해한 것을 가리킨다.

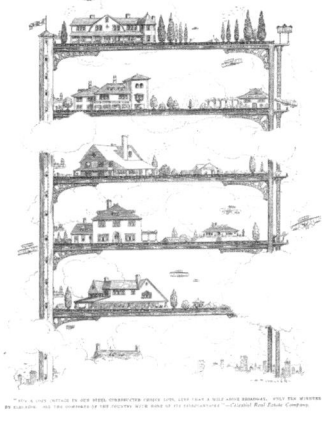

[23] "1909년 원리 : 단일 메트포롤리탄 지역 위에 무한한 미개간지를 만들기 위한 유토피아적 장치로서의 마천루". 렘 콜하스의 『정신착란증의 뉴욕』재판(1994)에 실린 이미지.

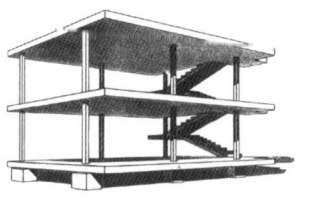

[24] "돔-이노 주택의 프로토타입"을 보여주는 르 코르뷔지에의 투시도

84   비판 대 탈비판

두 작가 모두 지표의 기법을 적용한다.[9] 지표는 부분들 사이의
가장 적절한 매개체(또는 사이의 비판적 선동자)로 등장하는데
물질materialism과 의미signification를 자동으로 묶기 때문이다. 달리
말해 지표는 상징이나 도상처럼 문화적으로나 시각적으로
결정된 것이 아니라, 물리적으로 추동된 기호로서 존재한다.
헤이스에게 미스의 건축은 "기존의 문화적 가치들에 대한
효과적인 재현과 그와는 완전히 독립된 추상 형식 체계의
자율성 사이에" 위치한다.[10] 세상 속에 있으면서도 그것에
저항하는 이런 존재의 위상은 건축적 대상이 물질적으로 자신의
특정한 시간적, 공간적 맥락을 반영하는 방식뿐만 아니라
생산 체계들의 흔적으로 기여하는 방식에 따라 이루어진다.
헤이스는 바르셀로나 파빌리온을 "시간적 지속성이 있는
사건"으로서, "그 현행적 실존actual existence은 끊임없이 생산되고
있다"고 혹은 "그 의미는 계속 결정되고 있다"고 말한다.
이런 결정 행위는 실제로도 그리고 어원학적으로도 탁월한
비판적 제스처이다.

---

9   "반복은 그래서 외적인 문화적 현실을 반영하기보다는 어떻게
건축이 저항할 수 있는지를 설명한다." K. Michael Hays, "Between
Culture and Form", *Perspecta* 21 (Cambridge : MIT Press, 1984) p.27;
Peter Eisenman, "Aspects of Modernism : Maison Dom-ino and the
Self-Referential Sign," *Oppositions* 15/16 (Winter/Spring, 1979).

10   Michael Hays, *op. cit.*, p.15.

아이젠만이 돔-이노 논의에서 서술하는 바는 헤이스가
논한 물질적 생산과 기술적 체계 또는 특정 맥락이라기보다
디자인 프로세스 자체다. 그 존재의 위상을 표시하면서
자기지시적 기호로 기능하는 그 능력 속에, 돔-이노는 건축에서
최초의 모더니스트적 그리고 비판적 제스처 중 하나가 된다.
"건축은 실체이자 행위이다. 기호는 개입의 기록 즉 단순히
필연적 조건들인 요소들의 현전을 넘어서는 사건이자
행동이다." 아이젠만과 헤이스에게 돔-이노와 바르셀로나
파빌리온은 직접적인 사건의 흔적이며, 디자인 또는 구축
과정의 지표들이지 끊임없이 변형의 상태를 잠재적으로
가리키는 대상이다. 두 경우 모두, 자기지시성의 비판적 형태는
일련의 재생산을 통해 입증된다. 실존하지 않는 돔-이노의
투시도를 아이젠만이 투상도로 다시 그린 것이나 현존하지
않는 원래 바르셀로나 파빌리온의 경험을 추출하기 위해
헤이스가 사용한 역사적 사진들이 그것이다. 건축적 인공물이
잃어버린 프로세스 또는 실무의 지표들인 것처럼, 오브제
자체도 두 경우 모두 의미심장하게 상실되고 있어, 그들의
흔적처럼 일련의 복제물이 대신한다. 무한한 회귀 또는 연기의
이런 과정은 비판적 건축 기획의 구성요소이다. 건축은
재현이자 동시에 그 조건에 대한 주석이라는 위상에 불가피하게
그리고 중심적으로 사로잡힌다.

1970년대 비판적-지표적 기획의 맥락 안에 자리 잡은 아이젠만의 짙은 유럽식 프레임에 대한 대안으로서 동일시기 대중 문화적인 미국식 프레임을 전유한 렘 콜하스를 거론할 수 있다. 앞에서 제시한 것처럼, 아이젠만은 르 코르뷔지에의 돔-이노를 변형 프로세스의 흔적으로 이해하고, 그리드에 운동을 부여함으로써 콜린 로우에서 벗어난다. 지표적 기획이 건축 주제에 대한 특정한 종류의 독해를 가정하거나 만드는 것처럼, 그 건축적 운동의 상상력은 그리드의 서사에 의지한다. 그래서 비록 건축의 지표적 프로그램이 다이어그램으로 나아갈 수 있다고 해도 여전히 기호론적, 재현적, 연쇄적 야망에 묶여 있다. 그 대신 『라이프LIFE』—다운타운 운동 클럽의 단면 컷뿐 아니라—에 실린 "카툰-정리cartoon-theorem"에서 얻은 콜하스의 영감은 건축적 전망을 새로운 집합 형태의 생산과 투사에 대한 기여라고 말한다. 이런 뉴욕식 프레임은 대도시적 가소성의 도구로 존재하며 통상적인 건축으로 볼 수 없다. 그것은 독해의 대상이 아니라 매료시키고, 새로운 사건과 행동을 생성하고 부추기기 위한 것이다. 마천루-기계는 이 세계 내에 잠재적 세계들virtual worlds을 향한 무한한 투사를 허용하며, 이런 방식으로 헤테로토피아와 감옥에 대한 미셸 푸코의 사유를 포괄한다. 질 들뢰즈는 푸코가 제러미 벤담Jeremy Bentham의 파놉티콘을 단순히 감시를 위한 기계로 이해한 것이

아니라, "특정 다양체에 대해 특정 형태의 행위를 강요하는"
다이어그램으로 보다 넓고 생산적으로 이해한 것이라
주장한다. 콜하스의 프레임 구조에 대한 창안도 똑같이
다이어그램적이다.

1970년대 중반 건축 담론에서 이런 두 가지 프레임 구조의
고안에서 학제성을 대하는 두 가지 방향을 식별할 수 있다.
즉, 아이젠만의 돔-이노 독해의 경우처럼 자율성과
프로세스로서의 특수성과 콜하스의 다운타운 운동 클럽의
무대화에서 볼 수 있듯이 힘과 효과로서의 특수성이 그것이다.
또한 이런 누 사례를 통해 건축에서 지표적인 것과의 관계를
맺는 비판적 기획과 다이어그램을 통해 진척시키는 투사적인
것the projective을 구별할 수 있다. 지표가 실재the real의 흔적에
해당하는 것처럼, 다이어그램은 잠재the virtual의 도구이다.[11]

---

11 이런 구분에 대해서 들뢰즈와 가타리는 "[다이어그램은] 영토적
기호인 지표, 탈영토화에 속하는 도상, 상대적 또는 부정적 탈영토화에
속하는 상징과 구분되어야만 한다. 이렇게 다이어그램 장치에 의해
정의되는 추상적인 기계는 최종 심급에 있는 하부 구조도 아니며 최상위
심급에 있는 초월적 이념도 아니다. 오히려 추상적인 기계는 선도적인
역할을 한다. 추상적인 기계 또는 다이어그램적 기계는 어떤 것(심지어
그것이 실재적인 어떤 것이라 할지라도)을 표상(=재현)하는 기능을
하지 않으며, 오히려 도래할 실재, 새로운 유형의 현실(=실재성)을
건설한다." *A Thousand Plateaus* (Minneapolis: University of
Minnesota Press, 1987), p.142. 국역본 참고. 『천개의 고원』, 김재인
옮김, 272-273쪽. 본문의 글은 해당 번역본에서 일부 수정했다.

3 변증법에서 도플러로

비판적 변증법의 대립적 전략에 의지하기보다는, 투사적인
것은 도플러 효과와 유사한 것을 도입한다. 도플러 효과는
파동의 원천과 파동의 수신자가 상대적 속도를 가질 때
발생하는 파동의 빈도상 인지 가능한 변화를 말한다. 도플러
효과는 기차가 도착할 때의 기차 소리와 청자에게서 멀어질
때의 소리 사이 음 높이의 변화가 왜 발생하는지를
알려 준다.[12] 비판적 변증법이 건축의 자율성을 건축의 영역
또는 학제를 규정하는 수단으로 설정한다면, 도플러 건축은
건축의 많은 우발적인 요소들을 조절하여 종합하는 방법을
알고 있다. 건축을 단독의 자율성으로 고립시키는 대신,
도플러는 건축의 내재적 다양체들 즉 재료, 프로그램, 글쓰기,
환경, 형태, 기술, 경제 등의 효과와 교환에 초점을 맞춘다.
이런 우발적 요소들contingencies의 다양화는 학제간 연구라는
밋밋한 개념과 매우 다름을 강조하는 것이 중요하다. 학제간
연구는 외부 측정 막대를 통해 건축의 정당화를 모색하며,
그래서 건축을 이질적 삶의 흡수자라는 불확실한 역할로
환원시킬 뿐이다. 투사적 건축은 건축의 정의定義를 회복하는 걸

---

12 도플러 효과는 오스트리아 수학자이자 물리학자인 크리스티안
도플러(Christian Doppler)가 발견했다.

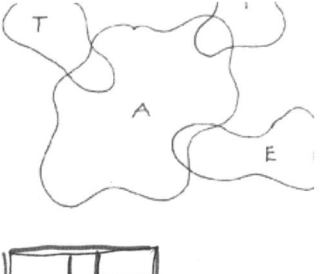

[25] 프로젝트적 건축: A(건축)와 P(정치),
     E(경제학), T(이론)의 중첩 다이어그램.

[26] WW, 인트라센터의 형태-프로그램
     다이어그램 1, 렉싱턴

[27] WW, 인트라센터, 렉싱턴

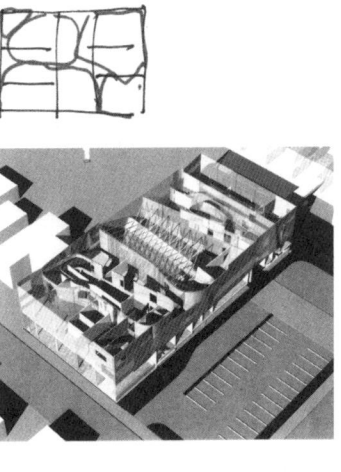

꺼리진 않지만, 그 정의는 수단과 재료의 언어보다는 디자인과
그 효과에서 나와야 한다고 생각한다. 도플러는 학제성을
자율성이 아닌 수행성 또는 실천으로 이해한다. 전자에서
지식과 형태는 공유된 기준, 원리, 전통에 근거하지만,
후자에서는 학제성에 대해 푸코에 더 가까운 개념이
제시되는데, 여기에서 학제는 고정된 자료나 실체가 아니라
능동적 유기체 또는 계획되거나 통제될 수 없는 담론적 실천에
가깝다. 푸코의 "다수의, 자율적이지만 독립적이지 않은
영역들을 형성하고, 규칙에 지배받지만, 영구적인 변형 상태에
있는 통일체들"과 유사하다.[13] 되돌아보거나 현 상황을
비판하기보다는, 도플러는 (대립적인 것이 아닌) 대안적 배열 또는
시나리오를 미래로 투사한다.

투사적 건축은 건축 영역 밖의 전문지식을 주장하지
않으며 건축의 절대적 정의에 전문 지식의 영역을 가두지도
않는다. 디자인은 건축이 이질성의 암운 속으로 미끄러지는
것을 막는다. 그것은 학제성과 전문지식의 불안정한 경계를
그린다. 그래서 건축가가 역사적으로 규정된 건축에 대한
전망 바깥에 있는 주제―예를 들어 경제학 문제나 공적 정치
문제―에 관여할 때, 건축가는 경제이나 공적 정치학

---

13   Michel Foucault, *Archaeology of Knowledge*.

전문가로서가 아니라 디자인 전문가로서 관여하는 것이며, 디자인이 경제학이나 정치에 어떻게 영향을 줄 수 있는지에 대해 관여하는 것이다. 그들은 비평가가 아니라, 타 분야에 대한 디자인의 관계를 담당하는 전문가로서 관여하는 것이다. 디자인은 대상의 특성들(형태, 비례, 물질성, 구성 등)을 아우르지만 효과, 분위기, 환경 같은 감성의 특성들 또한 아우른다.

변증법적 건축 전략 대신, 도플러 효과의 전략을 취하는 투사적 건축의 예는 렉싱턴에 위치한 4만 평방피트의 커뮤니티센터인 더블유더블유ww의 인트라센터IntraCenter다. 인트라센터의 고객은 더블유더블유에게 어린이집, 운동시설, 사회복지시설, 카페, 도서관, 컴퓨터 센터, 직업훈련소, 상점 등 어지러울 정도로 이질적인 실행 프로그램 목록을 제시했다. 그러나 이곳은 이런 복합 프로그램을 고려하여 각각 자기만의 형태적 정체성을 부여하거나 중립적 영역을 설정하고 각 프로그램을 규정하기보다, 형태와 프로그램 간 중첩될 여지를 없애버린다. 이런 여지를 없앰으로써 형태와 프로그램 간 지속적인 도플러 변이Doppler shift[14]을 만든다. 이런 비중심화 전략은 재료와 구조적 조건들뿐 아니라 중첩되는 고객들 사이의 많은 반향을 포함하여, 다른 도플러 효과를 생성한다.

---

14 [옮긴이] 도플러 효과에 의한 진동수의 변화량

인트라센터는 비판적이기보다 투사적이다. 더블유더블유는 프로그램, 기술의 단일한 표현이나 형태(현대 건축의 쓸모, 튼튼함, 아름다움)보다는 복합적인 참여의 가능성을 매우 신중하게 행동으로 옮긴다.

　도플러 효과는 시차視差, parallax와 몇 가지 속성을 공유한다. 여기서 시차란 이브-알랭 부아Yve-Alain Bois가 적었던 것처럼, "변화"라는 뜻의 그리스어 파랄락시스parallaxis에서 유래한 말로, "보는 시점의 변화에 따른 대상 위치에서의 분명한 변화"[15]를 가리킨다. 세라Serra가 의식적으로 시차의 가능성에 반응한 것을 설명하면서, 부아는 '시점Sight Point'이라 이름 붙은 세라의 조각에 대한 글을 예로 인용한다. "[처음에 보기에는] 오른쪽에서 왼쪽으로 기울어져 보이고, 다음은 엑스x 모양이 되며, 그다음 연장되어 끝이 잘린 피라미드 모양이 된다. 조각의 주변을 돌 때 이런 일이 세 번 발생한다."[16] 달리 말하면 시차는 대상을 돌 때 발생하는 시야의 연극적 효과이다. 맥락과 관객이 어떻게 예술작품을 "완성하는지"를 고려한 것이다.

15　이브-알랭 부아는 웹스터 사전(Webster's Dictionary)을 인용하고 있다. Yve-Alain Bois, "A Picturesque Stroll Around Clara-Clara," *Richard Serra*, eds. Hal Foster with Gordon Hughes (Cambridge: MIT Press October Books, 2001), p.65.

16　*Ibid*, p.66.

도플러 효과는 순수하게 광학적인 것이 아니라는 점에서 시차와 차이가 있다. 파동이 청각 또는 시각적인 것이 될 수 있다는 것을 생각해 보면 도플러는 시각적인 것과 개념적인 것이 여러 감각 중 단 두 개에 불과하다고 말한다. 게다가 도플러는 독해 전략이 아니라—즉, 단지 예술작품의 열린 독해가 아니라—환경과의 상호작용이다. 그것은 주체와 객체 모두 정보와 에너지를 전달하고 교환한다는 믿음을 중시한다. 쉽게 말해 사용자는 다른 사람들보다 건물의 어떤 측면에 더 잘 조율될 수 있다. 사용자는 건물이 건축의 형식적 역사에 대응하는 방식이나 특정 기술을 어떻게 적용하는지 잘 이해할 수 있거나 건물 재료의 색조material palette 또는 대지와 특정한 연관성을 가질 수 있다. 소설가 W. G. 제발트가 설명하는 것처럼 우리 중 각각은 반복, 우연의 일치 또는 복제의 순간을 경험하며, 그곳에서 다른 경험, 대화, 분위기, 만남의 메아리가 현재의 것에 영향을 준다. 그런 순간적 반향들은 노선을 벗어난 길들과 같다. 현실과 가상 세계가 중첩되는 순간적 기시감déjà vus을 생성하는 단계를 듣고 보는 것과 같다.

4 열정에서 냉정으로

누군가는 열정과 냉정의 인류학을 설립해야 한다…

— 장 보드리야르 Jean Baudrillard

대체로 학제성의 비판적 방식에서 투사적 방식으로의
변화를 냉정화의 과정 또는 마셜 매클루언의 용어를 쓰면,
학제성에 대한 "열정적" 견해에서 "냉정한" 견해로의
변화과정으로 규정할 수 있다. 비판적 건축은 표준적, 배경적
또는 익명에 따른 생산 조건에서 자신을 분리하며 차이를
표현하는 데 몰두한다는 의미에서 열정적이다. 매클루언에게
영화 같은 열정적 매체는 한 채널 또는 하나의 방식으로 아주
분명한 정보를 전달하는 "고화질high-definition"이다. 반대로
텔레비전같이 냉정한 매체는 저화질low-definition이라 전달하는
정보가 손상되기 때문에 사용자의 참여를 요구한다. 이에
관하여 형식주의자–비판적 기획은 정의, 묘사, 구별(또는 중간의
특수성)을 우선으로 둔다는 점에서 열정적이다. 하나의 대안인
미니멀리즘은 냉정한 예술 형태가 될 것이다. 그것은
저–규정적이며 이를 완성하려면 맥락과 관객이 필요하고,
자족성과 자의식은 모두 빠져있다. 미니멀리즘은 분명히
참여를 요구하며 로버트 스미슨Robert Smithson의 엔트로피
증진[17]과 관련된다. 냉정화가 혼합의 과정을 제시한다면
(그래서 도플러 효과는 냉정의 한 형태가 된다), 열정은 구별을 통해

[28] 리차드 세라, 〈시점(Sight Point)〉, 1972

[29] 로버트 스미슨, 〈스파이럴 제티〉, 1970

96   비판 대 탈비판

저항하고, 매우 어렵고, 장황하며, 힘들고, 복잡함을 함축한다. 냉정은 여유롭고 쉽다. 이런 냉정과 열정 간의 구별은 매클루언이 논하지 않았던 매체, 즉 배우의 연기performance를 간단히 살펴보면서 더 자세히 논할 수 있을 것이다.

배우 로버트 미첨Robert Mitchum의 부고 기사에서, 데이브 히키Dave Hickey는 로버트 미첨을 통해 "비로소 여러분들은 연기가 무엇인지 이해하게 되었는데, 연기는 표현(또는 재현)되는 게 아니라 전달되는 것"이라고 말한다.[18] 미첨의 영향력Mitchum Effect은 그 이면에 무언가 있다는 걸 알지만, 정확히 무엇인지 확신할 수 없다는 데 있다. 히키는 미첨의 연기가 언제나 놀랍고 호소력이 있다고 말한다. 이런 놀라운 호소력의 특성은 우연한 사건과 확장된 리얼리즘을 결합하는 투사적 효과로도 확실히 응용이 가능하다. 히키는 배우에 두 종류의 그룹이

17　[옮긴이] 로버트 스미슨은 기존 형식주의 미술에서 탈피하여 대지미술(Earth Art)을 개척한 선구자이다. 엔트로피는 가용한 상태로 환원될 수 없는, 즉 무용의 상태로 전환된 질량(에너지)의 총량을 뜻한다. 열역학에서 자연 물질계는 엔트로피의 총량이 증가하는 방향으로 진행된다고 보는데, 스미슨의 작업에서 이 개념은 인간중심의 시간과 역사 나아가 모든 에너지 시스템은 결국 균질하고 무질서한 상태가 되고 말 것이라는 일종의 비관적이고 종말론적인 함의를 내포한다.

18　Dave Hickey, "Mitchum Gets Out of Jail," *Art Issues* (September/ October 1997), pp.10-13.

있다고 주장한다. 첫째는 디테일에서 캐릭터를 구축하는 배우들로, 서사를 구축함으로써 관객이 그들의 캐릭터를 믿게 만든다. 일명 "메소드"파라고 할 수 있는데, 여기에 속하는 배우는 몸짓과 동기를 준비하며 대본의 글을 서브-텍스트로 보충한다. 다른 배우 그룹은 신체를 통해 호소력을 전달한다. 히키는 첫째 그룹이 실제 행위를 하고 있다면, 둘째 그룹은 "맹렬히 연기하고 있다"고 말한다. 로버트 드 니로Robert De Niro가 첫째 범주에 속한 사람이라면 미첨은 둘째에 해당한다.

1980년대와 1890년대 건축과 철학의 관계는 로버트 드 니로와 그가 연기한 캐릭터 사이의 관계와 같다. 달리 말해 일종의 메소드 연기 또는 메소드 디자인인데, 여기에서는 건축가가 글로 표현하거나 건축이 형상화의 절차를 재현했다. "비판적 기획"으로서 메소드 연기는 정신분석에 연결되었고, 기억과 과거 사건을 상기시키거나 재연하는 것에 연결되었다. 반대로 히키가 말하길, 미첨은

스탠더드를 연주하는 콜트레인처럼 파격적인 관점과 자기만의 속도와 어두운 우발성의 감각으로 글에 몰입하고 있다. 그래서 우리가 미첨의 연기에서 보는 것은 만들어진 캐릭터가 아니라 미첨의 감성을 지닌 이가 커서 바다의 선장이 된다든지 아니면 사설탐정이 된다거나 학교 교사가 된다면 어떻게 될까라는 여러 선택지다.[19]

드 니로의 연기를 보면 캐릭터 내에서뿐만 아니라 배우와 캐릭터 사이에서 캐릭터 구축의 흔적이 가시화될 정도로 투쟁을 목격하게 된다. 이를 제외하고는 달리 말할 방법이 없는데, 드 니로를 볼 때 (특유의 우스꽝스러운 표정이나 전력을 다하는 몸짓을 생각해보면) 열심히 작업하는 것처럼 보인다. 영화 〈케이프 피어Cape Fear〉[20]의 도입 부분은 이를 잘 보여준다. 1991년 리메이크작은 드 니로가 감옥에서 운동이나 훈련을 하는 장면으로 시작하는데, 등 뒤에 땀이 흘러내리는 것이 보인다. 원작에서 미첨은 전혀 서두르지 않는다. 비스듬히 모자를 쓰고는 건들거리며, 담배를 꼬나물고, 두 여성에게 슬쩍 눈길을 주고는 산들바람처럼 호탕하게 법원을 떠난다. 그는 이를 쉬워 보이게 만든다. 그래서 "드 니로식 건축"은 열정적이며 어렵고 그 생산 절차를 지시한다. 많은 노력이 들어가거나, 서사적 또는 재현적이거나, 실재에 대한 재현의 관계(허구적 텍스트를 위해 실제 사건에서 심리적인 서브텍스트를 제공)를 표현한다. 미첨은 리메이크작에서 형사 역할을 맡아 카메오로 출연하는데,

19 *Ibid,* p.12.

20 [옮긴이] 이 영화는 1962년 제이 리 톰슨(J. Lee Thompson) 감독이 제작했고, 1991년 마틴 스콜세이지(Martin Scorsese) 감독에 의해 리메이크되었다. 원작에서는 로버트 미첨이 악당 케이디 역을 맡았고, 리메이크작에서는 이 역을 로버트 드 니로가 연기했다.

알몸 조사를 받는 드 니로/케이디를 보고 있는 장면에서, 그는 온몸을 성경의 잠언으로 문신을 한 케이디의 신체를 보고 (케이디라는 캐릭터 못지않게 메소드 연기를 펼치는 드 니로에게도) 다소 비아냥거리며 이렇게 덧붙인다. "이놈을 보고 있는지 읽고 있는지 모르겠군." 이런 서사적 방식과는 반대로, "미첨식 건축"은 쿨하며 쉽고, 결코 유별난 작업처럼 보이지 않는다. 이러한 건축은 분위기 또는 대안적 현실들(가상이면 어떤가?) 속의 삶을 다룬다. 여기서 분위기는 냉정이 만드는 효과의, 열린 결말이다. 고-규정적이지 않고 개입의 여지를 주며, 주체(들)와의 결탁을 촉진한다. 미첨에게는 사이코드라마가 아닌 시나리오가 있을 뿐이다. 낯섦the unhomely이 주는 불편함과 불안은 불시the untimely에 제시되는 대안으로 대체되었다.

건축 내에서 연기를 행하거나 높은 호소력을 요구하는 기획은 비판적 건축 실무—반성적, 재현적, 서사적인 것—에서 벗어나 투사적 실무로 이동해야 한다고 시사한다. 이런 투사적 프로그램의 구축은 시장의 힘에 불가피하게 포섭되는 것이 아니라 복합적인 경제 활동, 생태, 정보 시스템, 사회단체를 존중하고 능동적으로 재조직하는 것이다.

지은이   로버트 소몰 Robert Somol

로버트 소몰은 미국의 건축 이론가. 시카고대학교에서 문화사
박사학위를 받았고, 현재 일리노이 시카고대학교에서 건축학과
학과장으로 재직 중이다.

지은이   사라 와이팅 Sarah Whiting

사라 와이팅은 미국의 건축가이자 비평가. 그는 매사추세츠
공과대학교(MIT)에서 「빈 땅에 있는 정글: 공간, 형태 그리고 미국
민주주의, 1940-1949 (The Jungle in the Clearing: Space, Form,
and Democracy in America, 1940-1949」에 관한 논문으로 박사학위를
취득했다. 현재 하버드디자인대학원의 학장이다.

옮긴이   이경창

건축비평가 겸 건축가. 구와미로 건축사사무소를 운영하고 있으며,
건축평론동우회 동인이다. 현재 『건축평단』 편집위원으로 활동하고
있다.

도플러 효과와 모더니즘의 다른 분위기에 관한 기록

비판과 그 불만

조지 베어드

소개하는 글

「"비판성"과 그 불만」
조지 베어드

신건수

비판 대 탈비판 논쟁에서 조지 베어드Georges Baird의 위상은 독특하다. 논쟁의 구도를 다른 각도에서 바라보면서 새로운 시각을 만들어냈기 때문이다. 그가 이 논쟁에 뛰어든 이유는 건축계가 "많은 어려움에 봉착했다"고 여겼기 때문이다. 따라서 그는 먼저 이런 어려움을 유발한 논쟁의 과정을 상세히 살펴본다. 이들을 가까이에서 지켜본 베어드는 논쟁을 담는 글로는 잘 드러나지 않는 내막까지 들춰내며 그 의미를 상세히 설명한다. 오랜 기간 비판적 건축을 주창한 피터 아이젠만과 마이클 헤이스 세대의 영향 아래 있던 젊은 세대들의 반란으로 특징되는 탈비판 진영은 극단적으로 대립된 구도를 형성하는 듯 보인다. 그런데 여기서 이 글의 강점이 나타나는데 표면적으로 보이는 구도의 각 입장이 지닌 모순을 드러내기 때문이다. ¶ 가장 날카로운 지점은 비판 진영의 주요 이론적 배경이었던 만프레도 타푸리와 그의 적장자로 간주되는 현대 아방가르드 건축가 아이젠만을 대립시킨 것이다. 이런 대립은 당시 논쟁에 참여한 이론가들에게 당황스러울 수밖에 없는데, 비판성의 출발점으로 간주한 타푸리가 실은 "새로운 비판성의 비평가들이 선언하기 오래 전에, 건축에서 아방가르드는 시대에 뒤떨어지고 엉뚱하다고 선언했었다"는 점 때문이다. 미국 이론가들이 이를 포착하지 못한 이유는 "아이젠만의 렌즈를 통해" 타푸리를 이해했기 때문이다. 베어드는 더 나아가 타푸리가 존중한 미국 건축가는 아이젠만 같은 아방가르드 건축가가 아니라 엘리엘 사아리넨Eliel Saarinen, 클래런스 스타인Clarence Stein 그리고 헨리 라이트Henry Wright 등의 건축가로 테네시 계곡

당국의 뉴딜 창안자들이다. 우리에게 그다지 익숙하지 않은 이들을 타푸리가 높게 평가한 이유는 무엇일까? ¶ 여기서 탈비판 건축가들의 핵심 용어인 "프로젝트" 건축에 대한 타푸리적 해석이 등장한다. 타푸리가 구상한 프로젝트 건축은 "새로운 건축 형식을 제안하는 것이고, 이 형식이 자리하게 될 도시 전체 수준에서 하는 것이며, 추론하건대 전체 도시 그 자체를 새로운 어떤 것으로 변형하는 것 모두 의미했다." 이런 수준의 예로 그가 제시한 것이 르 코르뷔지에의 건축으로 도시 전체를 만드는 오뷔 계획Plan Obus이다. 동일한 시각에서 뉴딜 정책의 테네시 계곡 사업 역시 도시 전체 수준 변화를 가져오는 것과 맥락을 같이한다고 할 수 있다. 즉 타푸리의 프로젝트 건축가는 "높은 수준의 실천가"를 의미한다. 그래서 "눈에 보이는 현실의 어휘를 그대로 받아들이지 않는 건축에 대해 우리 시대의 가장 강력한 옹호자"로서 타푸리가 아니라 "젊은 미국인들이 아방가르드의 환상 깨기에 동참해 함께"하고 적극적인 실천 방식을 모색하는 타푸리로 전환된다. 게다가 베어드는 타푸리와 반대편에 있다고 여겨지는 렘 콜하스처럼 그를 디자인 혁신 매개체로서 프로그램에 관심을 가졌던 인물로 본다. ¶ 많이 알려진 것처럼 콜하스는 탈비판 논리가 등장하는 데 단초를 제공했으며, 탈비판 비평가들이 자주 참고하는 인물이다. 그는 건축적 효력을 믿고 실현하려는 야망을 지닌 현실 정치가real-politiker로 간주되어, 만일 비판성이 그 효력에 방해가 되면 비판성을 배제하는 인물로 알려져 있다. 그런데 베어드는 앞서 타푸리에게 콜하스적 측면이 있듯이 콜하스에게도 타푸

리적 측면이 있음을 드러낸다. 즉, 콜하스는 뉴욕 일부가 1990년대 재개발되면서 디즈니 극장을 시작으로 소위 "깨끗한 디즈니화의 결과로서 맨하튼 42번가의 독특한 거리 문화를 파괴"하고 "중국 베이징에 넓게 분포된 역사 주거 지구의 개탄스럽고 너무 실용적인 파괴에 합의"한 것에 대해 강하게 비판했다. 이때 콜하스는 단순히 탈비판 진영에서 참고하는 이유인 '비판 없는 건축가'가 아닌 셈이다. 베어드가 이렇게 각 진영의 배후에 있는 인물의 반대 측면을 부각하는 이유는 두 진영의 대립에서 새로운 길을 찾으려는 시도 때문이다. ¶ 베어드는 자신이 모색하는 방향성을 대변하는 인물로 건축가와 문화비평가를 제시한다. 건축가로는 딜러+스코피디오Diller+Scofidio이다. 마이클 헤이스가 처음 주관한 전시를 이들의 작품으로 채울 만큼 이들은 소비 사회에 대한 비판적 시각을 지니고 있다. 특히 뉴욕 42번가 재개발 당시 폐쇄된 포르노 극장 입구에 자본주의 사회의 소비 욕망을 비판한 전시 <소프트 셀 42번가Soft Sell 42nd street>는 대단히 사회 비판적이었다. 그러나 이들의 치명적 한계는 전시 설치물로 가능한 이런 비판을 건축으로 실현하지 못한다는 점이다. 건축으로 비판성을 추구하기 어렵다는 것은, 이를 추구한 아이젠만이 결과물 보다는 건축 디자인 과정에 방점을 두는 것과 같은 맥락이다. 사회 전체에 대한 부정의 태도로는 건축 행위 자체가 막힌다. 여기에 틈을 열어주는 접근의 근거를 제공하는 인물이 문화비평가 데이브 히키Dave Hickey다. 탈비판 진영에서 많이 인용하며 냉정한cool 접근법, 즉 "편안하고 쉬운" 방식의 건축의 논거 제공자로 다루

었지만, 베어드는 냉정하면서도 "자신만의 방식으로 '저항'에 계속 참여"하는 인물로 본다. 그래서 아이젠만과 헤이스의 열정적 비판보다는 냉정한 비판의 가능성에 관심을 둔다. ¶ 비판성의 세대와 탈비판의 세대의 갈등에서 베어드가 추구한 바는 명확하다. 편하고 쉬운 방식의 건축에 비판성을 담는 것이다. 비판성을 앞세워 건축을 못하거나, 실무적인 것만 추구하여 비판을 배제하는 구도에서 벗어나는 것이다. 그래서 타푸리의 현실 참여적인 이면을 드러내고 렘 콜하스의 실무적이고 구체적인 비판성을 강조한다. 즉, 그가 기대하는 냉정한 비판적 건축은 사회 전체에 대한 부정성의 비판이 아니라, 사회 내부에서 구체적인 방식으로의 비판을 찾아내는 것이다. 그러나 베어드는 이것이 간단한 문제가 아니지만 중요하다고 인식해서, 탈비판 진영의 투사적 건축가가 비판 없이 건축할 경우 "'단순히' 실용적이고" "'단순히' 장식적인" 건축으로 전락할 것이라 경고하면서 글을 끝맺는다.

원문 출처
George Baird, "'Criticality' and Its Discontents," *Harvard Design Magazine* no.21 (Harvard University Graduate School of Design, Fall 2004/Winter 2005).

스페인 이론가이자 비평가인 이냐시 데 솔라 모랄레스Ignasi de
Sola-Morales는 때 이른 죽음을 맞기 직전에 내게 이렇게 말했다.
"유럽의 건축가나 건축학자가 현대 건축이론을 연구하고자
한다면 미국 동부 연안으로 가야할 것이다."

　미국 동부 연안에서 발생한 이론이 여전히 뛰어난 게
사실일까? 나는 베를라허 연구센터의 박사과정 프로그램 개설과
뉴델프트 디자인학교의 설립 의도 가운데 하나가 미국
헤게모니에 도전하는 것이라고 알고 있다. 최근 일어난 일들로
보아 이런 도전이 어느 정도의 성과를 내고 있는 듯하다.
미국이 이 주제에 대해 정말 어느 정도 우위를 점하고 있다면,
미국 현대 이론의 영역에서 현재 나타나는 중요한 갈라짐에
대한 이야기가 흥미롭게 들릴 것이다. 이 갈라짐은 15년 쯤
전에 해체주의 주동자들이 포스트모더니즘에 대한 논쟁적
공격을 시작한 이래로 보지 못했던 강렬한 토론의 방아쇠를
당긴 사건이다. 여기서 제기한 주제는 최소 20년 동안 건축
이론을 선도하는 그룹 사이에서 널리 알려진 "비판적 건축"
개념이다. 이 개념화는 아마도 하버드대학교 동료인 마이클
헤이스가 작성한 글로, 1984년 『퍼스펙타』 21호에 게재된
「비판적 건축: 형태와 문화 사이」에서 이미 정확하게
정식화되었다고 얘기할 수 있을 것이다. 헤이스의 글은 로버트

"비판성"과 그 불만　　　　　　　　　　　　　　　　　109

소몰과 사라 와이팅(이 논쟁에 최근 두드러지게 참여하는 두 사람)이
"규범적"이라는 꼬리표를 붙인 바 있다.[1]

오늘날 "비판성"은 비평가들이 보기에 한물갔고 시대에
뒤처졌으며 혹은(그리고) 디자인 창조성을 억제하는 것으로
공격받고 있다. 게다가 점차 빈번하게 만들어진 이런 비난들은
여러 흥미로운 출처를 지니고 있다. 이 새로운 상황을
이해하려면, 한때 건축 이론의 주류였던 담론에 대항하여
나타난 입장 전환이 분명히 어디서 출발했는지를 찾아낼 필요가
있다. 지금 논평의 흥미로운 선구적 일은 『애니ANY』 잡지가
주관하여 1994년 캐나다 건축센티에서 열린 커퍼런스에서
렘 콜하스가 한 격한 표현으로, 다음과 같이 불만을 표했다.
"건축 비평에 만연한 담론이 지닌 문제는 건축에서 가장 깊이
있는 동기 안에 뭔가 비판적일 수 없다는 점이 있다는 것을
깨닫는 데 무력하다는 것이다."[2] 그러나 콜하스의 불평이 다가올
일들의 조짐이었다면 아마도 비판성에 대한 첫 정면 도전은
남부캘리포니아 건축연구소SCI-Arc의 대학원장인 마이클

---

1   Robert Somol and Sarah Whiting, "Notes Around the Doppler
Effect and Other Moods of Modernism," *Perspecta* 33 (Cambridge:
MIT Press, 2002), p.73.

2   Rem Koolhaas, quoted by Beth Kapusta, *The Canadian Architect
Magazine* 39 (August 1994), p.10.

스픽스가 2002년 미국 잡지 『아키텍처럴 레코드Architectural Record』에 기고한 글이었다.[3] 무척이나 수정주의적인 이 글에서, 스픽스는 현대 비즈니스 경영 실무에서 단서를 취할 수 있는 새롭고, 대안적이며, 효율적으로 통합된 건축 모델을 선호하면서 스승인 프레드릭 제임슨에게 배웠던 "저항"을 명시적으로 폐기했다.[4]

미국 이론가인 캘리포니아대학교 로스앤젤레스 분교UCLA의 로버트 소몰과 하버드대학교의 사라 와이팅은 더 영리하게 도전했다. 이들의 글 「도플러 효과와 모더니즘의 다른 분위기에 관한 기록」이 2002년 『퍼스펙타』 33호에 실렸다.[5] 이 글에서 소몰과 와이팅은, 와이팅과 나의 하버드 동료인 마이클 헤이스가 오랫동안 널리 알린 "비판적 건축"의 개념화에

---

3   Michael Speaks, "Design Intelligence and the New Economy," *Architectural Record* (January 2002), pp.72-79.

4   나는 델프트공과대학교에서 열린 2004년 컨퍼런스에서 이 논고를 발표했다. 당시 발표를 들은 스탠 앨런은 뉴욕현대미술관 (MOMA)에서 2000년 11월에 개최된 조안 오크만/테리 라일리 (Joan Ockman/Terry Riley) 실용주의 심포지움이 2002년 초 스픽스의 논쟁보다도 앞선 비판성에 대한 도전이라고 넌지시 얘기했다. 물론 그럴 수도 있지만 나는 MOMA의 심포지움에 참석하지 않았고 그 자체로는 비판성보다는 차라리 실용주의에 기여한 것이기 때문에 이 도전이 "전면적"으로 설명하는 게 적절한지 내심 의문이 든다.

5   Somol and Whiting, *op. cit.*, pp.72-77.

"비판성"과 그 불만

반대하는 주장을 펼쳤다. 소몰과 와이팅은 당시까지의 "비판적"
건축의 자리에 "투사적projective"[6]이 될 수 있는 건축을 제안했다.

소몰과 와이팅의 글이 출판된 이래로, 이 주제에 대한
출판량이나 논쟁 참여자의 수가 증폭했다. 예를 들어 2002년
말에 마이클 스픽스는 『에이플러스유a+u』 잡지에 기고한
긴 글을 통해 논쟁을 이어갔다. 그 이후로 프린스턴대학교
건축대학 학장인 스탠 알랜과 UCLA 건축학과장인 실비아 래빈
같은 추가 참여자가 이 논쟁에 뛰어들었다.

나는 많은 것이 위기에 봉착했다고 보기 때문에, 앞에서
설명한 이런 갈라짐이 얼마나 뻗쳐졌고 무엇이 위기에
처해있는지를 추적하고, 명확히 요약해보기로 했다.

"비판성"의 계보를 짧게 설명하는 것으로 시작하겠다.
가장 설득력이 있고 내적으로도 일관된 해석 중 하나는
헤이스의 동료이면서 건축 실무자인(그리고 꽤 훌륭한 이론가이기도 한)
피터 아이젠만의 해석이었다. 지난 20여 년에 걸쳐 두 사람은
지적으로 "저항"과 "부정"의 개념에 초점을 둔 일관된 입장을
함께 전개해왔다. 아이젠만의 입장은 근본적으로 이탈리아

---

6   [옮긴이] 'project, projective, projection'은 이 논쟁에서
중요한 용어로 실제 건축의 실천 행위로 나타나는 의미로 상용된다.
의미로 보면 하이데거가 사용하는 기투(Entwurf/Project)에서
짐작할 수 있듯이 미래 성과로 나타나는 작업 혹은 그 성격을
지칭한다. 여기에서는 '프로젝트, 투사적, 프로젝트화'라고 번역했다.

역사학자이자 비평가인 만프레도 타푸리의 작업에서 기인하지만, 자크 데리다, 지아니 바티모 등 현대 사상에서 중요한 다른 인물을 통해 자신의 생각에 살을 붙였다. 아이젠만 못지않게 헤이스에게도 타푸리는 중요한 인물이지만, 동반되는 인물은 죄르지 루카치György Lukács, 테오도르 아도르노와 프레드릭 제임슨이다.

헤이스는 타푸리를 따라 후기 모더니즘에서 무엇보다 중요한 부정의 사례로 미스 반 데어 로에를 꼽았다. 자신의 멘토처럼 헤이스는 후기 미스가 그가 건설한 형태의 바로 그 표면에서 현대 소비 사회의 어휘에 대한 "거부"를 구현한 것으로 보고 있다.(이 관점에서 시그램 빌딩은 헤이스에게도 타푸리에게도 사례 연구로 중요하다.) 아이젠만의 경우, 디자이너와 사상가로서의 경력 전반에 걸쳐 타푸리의 교훈에서부터, 로잘린드 크라우스Rosalind Krauss 같은 인물들이 명확히 한 바 있는 미니멀주의자들의 예술실천 이론에서 찾은 다른 인물들의 교훈까지 융합해왔다. 그의 입장으로 인해, 이런 거부 혹은 저항을 담는 구축 형태는 잘 만들어지지 않았으며, 오히려 이를 도출하는 건축 생산보다는 과정이 더 중요한 디자인 방법론을 도출해왔다. 이러한 미묘한 차이에도 불구하고 지난 20여 년 동안 아이젠만과 헤이스는 현대 건축과 건축 이론에서 "저항"을 옹호하는 강력한 짝을 이뤄왔다.

"비판성"과 그 불만

그런데 최근의 『하버드 디자인 매거진Harvard Design Magazine』이
주관한 "상황 점검Stocktaking" 심포지엄의 참가자 목록은
아이젠만과 헤이스가 영향을 미치는 "비판성"의 양상이
최근에도 사그라지지 않았음을 명확히 보여준다. 예를 들어
케네스 프램프턴은 비록 그의 지적 계보가 타푸리보다는
아도르노와 하이데거에 더 의존할지라도 소비 사회에
"저항"하는 헌신은 같은 기간의 아이젠만과 헤이스만큼
확고했다. 그리고 마이클 소킨Michael Sorkin이 있는데, 그는 내가
지금까지 대화해본 인물 중 누구보다도 정치적으로 말하는
사람으로, 뉴욕의 "길거리 싸움꾼street fighter"이다. 소킨은 미국
디자인 무대의 주요 인물, 즉 필립 존슨부터 다니엘
리베스킨트까지 공격할 수 있게 지속적으로 용기를 불어넣는
것으로 디자인계에서 명성이 자자하다. 그러나 소킨의 비평
글이 널리 존중받고 있음에도 불구하고 그가 한 "저항"의
실질적 이론 형식이, 타푸리가 미스를 보거나 헤이스가
아이젠만을 보는 것처럼 자신의 디자인 생산에서 중심적으로
녹아든 듯 보이지는 않는다. 그래서 매우 강력했던 소킨의
비판은 미국 디자인 실무의 형태로 진화되는 데에 미치는
영향은 한계가 있었다.
  아마도 가장 분명한 "비판적" 미국 디자인 실천은 『하버드
디자인 매거진』의 '상황 점검' 심포지엄에는 참가하지 않았던

두 인물인 엘리자베스 딜러Elizabeth Diller와 리카르도 스코피디오 Ricardo Scofidio의 작업이었을 것이다. 아이젠만과 헤이스 만큼 오랫동안 협업해온 딜러와 스코피디오는, 미스의 후기 작품에서 타푸리가 극찬한 것과 어느 정도 비교를 자아내는, "저항"을 구현하는 데에 성공한 놀라운 프로젝트들을 생산했다. 그런데 논의대상이 되는 작업 대부분은 빌딩보다는 박물관과 갤러리 설치 작품들로 이뤄졌다. 벨기에인 마르셀 브로에타스Marcel Broodthaers, 뉴욕으로 이주한 독일인 한스 하케Hans Haacke를 비롯한 이들의 유사 예술 작업이 증언하듯이, 박물관은 동일한 시기에 길거리보다는 비판적인 작업을 잘 수용해왔다. 최근에 뉴욕 휘트니 미술관의 건축 큐레이터로 지명된 마이클 헤이스가 처음 조직한 주요 전시가 딜러와 스코피디오여야 했던 이유는 얼마나 흥미로운가. 그래서 우리가 확실히 최근에서야 [그렇게 말할 수 있다면] 아마도 미국식 "비판성"의 "때늦은late" 승리라고 말할 수 있을까? 게다가 휘트니 전시에서 딜러와 스코피디오는 그들을 유명하게 만들었던 박물관 갤러리 작업의 대부분을 전시했으나 이들이 최근에 역점을 두고 한 건물 프로젝트, 즉 "길거리[실제 건축]에서" 비판적이 되어야 하는 더 힘든 테스트를 거쳐야 할 프로젝트는 거의 포함시키지 않았다. 그래서 이 사무소가 설치 작업보다는 건물에서, 그리고 지금 변화하고 있는 미국 건축 이론의 풍토에서 얼마나

"비판성"과 그 불만

성공적으로 "저항"을 지속할 수 있는지 지켜보는 일은 흥미로울 것이다.

그런데 이런 변화하는 풍토에 대해 무엇이라 말할 수 있을까? 점점 위기에 직면한 "비판성"에 대해 어떤 근거를 제시할 수 있을까? 그리고 비판성을 대신해 제시되는 건축이론적 접근의 주요 특징은 무엇이라 할 수 있는가? 이 이야기에, 동등한 역사적 결과를 가져오진 않겠지만 무척 흥미로운 주제의 수많은 가닥이 있다.

내가 말할 수 있는 범위에서 보면, 이 가닥 중 하나가 순수하게 한 사람의 일대기적인(세내적인 것을 말하려는 것이 아니다) 곤경이라는 점이다. 피터 아이젠만이 약 30년 전 뉴욕 도시건축연구소IAUS와 그 기관지 『오포지션스』를 만든 이래로 미국 건축 교육에 지대한 영향을 주었다는 언급은 그저 진부하다. 지금까지 아이젠만의 추종자에 대한 그의 영향력은 자신의 멘토였던 콜린 로우와 비교될 수 있다고 말할 수 있다. 그러나 로우는 아이젠만이 해왔던 것보다 느긋한 멘토였던 것으로 보인다. 결과적으로 스승의 영향에서 벗어나는 것은 로우의 추종자보다 아이젠만의 추종자에게 훨씬 큰 도전이었다. 최근 "비판성"을 대체하려는 주역 상당수는 아이젠만의 초기 추종자이거나 적어도 아이젠만 그룹의 주변에 있었던 인물들이다. 스탠 앨런, 로버트 소몰 그리고 사라 와이팅 모두

이런 분류의 이곳저곳으로 나뉜다. 당시 아이젠만은
"비판성"에 대한 완고한 충성을 유지하는 만큼, 그와 관계를
끊을 수 있을 정도로 노력하는 자신의 지지자들에게 그에
상응하는 긴장을 만들어왔다. 여기서 나의 의심을 훨씬 더 밀고
나가 추론해보면, 아이젠만이 콜린 로우를 따라 "생활의
장식décor de la vie"[7]이라 부르던 것에 대한 멸시의 자세를
지속적으로 견지한 결과, 일부 수정주의적 지지자들이 표면과
텍스처(심지어 장식화)까지 관심을 가지게 했다고 할 수 있을
것이다. 이런 호기심을 불러일으키는 일대기적 질문에 최종
대답이 어떻게 드러나던 간에, 미국 건축 문화의 상층부에서
아이젠만의 확고한 헤게모니에서 벗어나려는 노력이, 나와
같은 관찰자에게 지금 명백히 보이는 경향이다.

　　게다가 "탈-비판성"의 다양한 담론에서 양진영 모두 자주

7　[옮긴이] 이 표현은 콜린 로우가 유럽의 근대 건축이 미국으로
오면서, 특히 국제주의 양식이란 이름으로 발생한 현상을 설명하면서
나온 표현이다. "유럽의 근대 건축이 미국에 침투하려고 건너왔을
1930년대에 단순히 건물에 대한 새로운 접근이었으며 그 이상도
아니었다는 것은 그래서 부주의하게 혹은 고의적이다. 즉, 그 자체의
이데올로기적 혹은 사회문제적 접근이 대체로 제거된 상태로
들어왔다. 그래서 사회주의의 명확한 표명이나 근거로서가 아니라
차라리 코티네컷주 그리니치 지역에 있는 생활의 장식으로 사용되거나
혹은 계몽된 자본주의의 단체 활동을 위한 적당한 베니어판으로
사용된다." As I was saying: Recollections and Miscellaneous essays
vol.1 (MIT Press, 1996), p. 19.

참고하는 인물이 렘 콜하스라는 것은 우연이 아니다. 예를 들어, 소몰과 와이팅이 "비판적" 입장에서 "투사적" 입장으로 전환할 수 있게 했던 글인 「도플러 효과와 모더니즘의 다른 분위기에 관한 기록」에서 렘 콜하스는 중요한 가교 역할을 한다. 그런 점에서 또한 요즘 네덜란드의 선도적 건축 그룹에서 매우 만연한(어느 정도 스픽스가 미국에 수입해온 것으로 의심되는) 탈-유토피아 실용주의가, 1970년대 말과 1980년대에 격렬했던 젊은 콜하스의 초기 세대 지지자 세대에게 준 영향과 관계없다고 하는 것은 말도 안 된다.[8]

그러나 이런 콜하스 참고는 이 글 초반에 언급한 콜하스의 짧은 인용을 환기시켜준다. 그래서 이 인용은 일대기적이고 세대적인 고려에서 더욱 실질적 고려로 옮겨가도록 도와 줄 것이다. 얘기된 같은 논평에서 콜하스는 다음과 같이 진지하게 말했다. "아마, 우리가 가장 흥미로워하는 일은 경제적, 문화적, 정치적, 특히 물류적logistical 이슈가 믿을 수 없는 정도로 축적된 양을 처리해야 하는 건축 프로젝트에서 때때로 정신

---

8   포스트 유토피아와 포스트 비판적 유럽(주로 네덜란드) 실무는 『하버드 디자인 매거진』 21호에 실린 루머르 판 토른(Roemer van Toorn)의 글에 잘 설명되어 있다. Roemer van Toorn, "No More Dreams? The Passion for Reality in Recent Dutch Architecture […] and Its Limitations," *Harvard Design Magazine* no.21 (Fall/Winter 2004).

나갈 정도의 어려움을 다루는 무비판적이며 단호한 관여이다."[9]
여기에서 우리는 야망을 지닌 현실 정치가real-politiker로서 다시
한 번 직능적이고 건축적인 효력에 대한 강렬한 믿음을
드러내는 콜하스를 볼 수 있다. 그래서 그의 입장에서 만일
그 "비판성"이 이런 효력을 제한하는 게 판명되면, "비판성"은
그만큼 자리를 내어줘야 한다.

　　게다가, 1990년대가 흘러가면서 아이젠만의 디자인
관심사가 점차 생산물보다는 과정에 초점을 두고 있는 게
명백했고, 그 당시 우세한 해체주의로 추정되던 무리 다수가
기대했던 것보다 훨씬 덜 비판적이어서, 이런 모든 것이
"비판적 건축"의 프로젝트를 이론적으로 구현했던 왕성한
에너지의 소멸에 기여했다.

　　그리고 만프레도 타푸리의 인생 여정, 즉 1980년대 중반에
현대 비평에서 물러나고 1994년에 사망하는 과정은 이런
분위기 전환에 크게 기여한 것이 사실일 것이다. 무엇보다
타푸리는 눈에 보이는 현실의 어휘를 그대로 받아들이지 않는
건축에 대해 우리 시대의 가장 강력한 옹호자였다. 그런데
1970년대 걸쳐 발표한 일련의 글에서 타푸리는 건축적
"프로젝트"를 매우 독특하게 개념화했다. 이 개념은 새로운

9　　Kapusta, *op. cit*.

건축 형식을 제안하는 것이고, 이 형식이 자리하게 될 도시 전체 수준에서 하는 것이며, 그리고 전체 도시 그 자체를 새로운 어떤 것으로 변형하는 것 모두를 의미했다. 말할 필요도 없이, 이 용감하고 야심 찬 방법이 역사적으로 성공적인 사례가 거의 없어서 그는 겨우 (몇 안 되는 계획 중 하나인) 르 코르뷔지에 알제리 오뷔 계획Plan Obus을 지목할 수 있었다. 그가 르네상스 시대 베네치아의 역사로 물러난 것을 고려해 볼 때, 그가 이미 미국식 건축 아방가르드를 규방의 건축으로 치부한 것이며 사망할 시점에는 이를 부정할 수가 없었다. 전반적 이론적 입장에서 지배적으로 강조된 니스토피아적인 타푸리 감각을 공유하던, 특히 미국 독자를 무척 낙심하게 만들었다.

어쨌든 현재까지 이어지는 "반-비판적" 글의 흐름은 2002년 초에 마이클 스픽스가 한 논쟁으로 시작됐다. 스픽스가 『에이플러스유』에 2002년 후반에 기고한 글은 지금도 지속되는 논쟁에 기여한, 아마도 가장 발전된 주장일 것이다. "디자인 지능Design Intelligence"이란 제목이 붙은 이 글은 지능 또는 정보를 뜻하는 용어인 '인텔리전스Intelligence'의 잘 계산된 독특한 사용, 즉 미국 중앙정보부CIA식의 사용을 언급하고 나서 현대 디자인계에서 "이상적인 아이디어는 지성의 '수다'에 자리를 내어줬다"는 주장으로 이어진다.[10] 그리고 나서 스픽스는 특별히 그가 한물간 것으로 여기는 모든 디자인

경향과 자신을 분리시키면서, 데리다와 타푸리 둘 모두의
영향력이 사라져가고 있다고 봤다. "포스트모더니즘, 해체주의,
비판적 지역주의 그리고 1980년대 말과 1990년대에 제기된
다른 모든 비판적 건축의 주동자들을 모더니즘의 거짓
권리자들이다. 무력하게 데리다적이거나 혹은 암울하게
타푸리적이든지, 이론적으로 영감 받은 전위자들은 항구적
비판 상태에서 작업했다. 자신들이 종말되는 데 중요한 역할을
했던 확실성의 세계와 예상 못하게 닥쳐온 불확실성의 세계
사이에 갇힌 이론적 전위자들Vanguards은 그들의 확고한
부정성으로 인해 무기력해졌다."[11] 대신 스픽스는 자신이
"형식적, 이론적 혹은 직능적 정체성이 아닌 디자인 지능"으로
규정하고, "탈-전위자Post-Vanguard" 직능 실무라고 명명한 것을
주장한다. 그는 계속 이어갔다. "앞선 선구적 전위자들이 다른
직능과 디자인 분야에서 얻은 원천 자료(CIA에서 부르는 이름은
공개출처정보 OSINT)를 공개하지 않던 방식에 익숙했던 반면에,
[탈비판 건축가들에게는] 이런 실무는 거의 모든 환경에서도
거의 모든 곳에서 적용 가능하다."[12]

---

10   Michael Speaks, "Design Intelligence : Part 1, Introduction,"
a+u 387 (December 2002), p.12.

11   *Ibid,* p.16

12   Somol and Whiting, *op. cit.*, p.73

"비판성"과 그 불만

스픽스가 옹호한 무척 실용적인(특히 반-이론적인)입장과
비교하면, 소몰과 와이팅의 "도플러 효과"는 인내를 가지고
이론적인(그러나 철학적인 것은 말하지 않는)뉘앙스의 모델을 남겨둔다.
이들은 최근 몇 년 동안 "비판성 기획으로 학제성은 흡수되고
소진되었다"라고 관찰하면서 자신들이 "현재 주도적인
패러다임"이라고 꼬리표 붙인 것에 대한 관심을 요약한다.
이들은 피터 아이젠만의 디자인 생산을, 그리고 이를
설명하고자 시도한 마이클 헤이스의 이론과 함께 이용한다.
이런 점에서 아마도 이들의 가장 중요한 주장은 "두 사람
(아이젠만과 헤이스)에게 학제성은 (비판, 표현, 이미를 가능케 하는)
자율성으로 이해되지만, 그러나 (프로젝트화, 수행성, 실용성)
수단으로서는 아니다. 그래서 학제성에 대한 이들의 정의가
실현 가능성으로 향하기 보다는 차라리 구체화에 반대
방향으로 향해 있다고 말할 수 있을 것이다."[13] 그래서 이들은
다음과 같이 관찰하면서 자신들의 주장을 결론짓는다.
"(지표적인 것, 변증법적인 것 그리고 열정적 표현에 연결된) 비판적
프로젝트의 대안으로서, 이 글은 (다이어그램적인 것, 분위기 있고 냉정적
수행과 연결된) 투사적인 것의 대안적 계보를 전개한다."[14]

---

13   *Ibid*, p.74.

14   *Ibid*

이런 도식으로 자연스럽게 아이젠만이 제시한 전례에 대한 대안으로서 이들은 렘 콜하스에서 도출한 것을 제안한다. 그리고 다음과 같이 대조시킨다. "학제성을 향한 두 방향, 즉 아이젠만의 돔-이노 해석처럼 자율성과 과정으로서의 학제성과 콜하스가 다운타운 운동 클럽을 제시할 때 나타나는 효력과 효과로서의 학제성이 있다. 그래서 다음의 결론을 짓는다. "도플러 효과는 과거를 되돌아보거나 현 상태를 비판하는 것보다는 차라리, 대안적(의무적으로 반대적일 필요는 없는) 방식과 시나리오를 향해 투사한다."[15] 그래서 이들은 스픽스가 취한 극단으로 논쟁적인 입장을 삼가할지라도, 결과적으로 스픽스가 지지한 전체 입장과 근본적으로 다르지 않다. 『하버드 디자인 매거진』"상황 점검" 특집호에 기고한 글에서 스탠 앨런은, 방금 언급한 두 입장을 폭넓게 비교한 평을 게재했다. 스픽스처럼, 앨런은 "아방가르드 모델을 넘어" 그리고 "대중문화와 시장의 창조성"을 이용할 필요가 있다는 점을 명확히 했다. 실제, 그는 자신의 글에서 스픽스와 소몰 및 와이팅의 주장을 언급하면서 분명히 지지했다.

최근 프린스턴대학교, 하버드대학교와 토론토대학교에서 동시에 활동하고 있는 실비아 래빈이 논쟁에 참여하여, 현대

---

15 *Ibid*, p.75.

"비판성"과 그 불만

건축과 디자인 세계에서 "잠정적인 것"과 "임시적인" 것에
대한 새로운 평가와 고민을 요청하면서 확실한 공헌을 했다.
그녀는 모더니즘이 세계 속에서 "고정적"이고 "지속적"인
것에 지나치게 집착했다고 특징지으며, 자연 환경에서
그런 특징을 재고하는 것이 새로운 디자인 가능성을 자유롭게
하면서 생산적일 수 있다고 주장했다.[16]

　　미국 건축 이론의 전장에서 이 두 세대의 주요 사상가들
사이에 펼쳐진 갈라짐에서 우리는 무엇을 해야 하는가? 몇 가지
나의 의견을 제시하면서 결론지으려 한다. 우선, 이 전투의
전선에서 조금 물러나보자. 그리고 배경이 놓여 있는 인물들을
더 가까이 다가가 살펴보자. 지금까지 살펴본 바로, 만프레도
타푸리가 "비판적 건축"의 미국적 정식화에 크게 존재하는
것은 분명하다. 그리고 비판적 건축의 함의에 오랫동안 불편을
표출했던 렘 콜하스는, 비판적 건축의 대안으로 제안된 실무로
나아가는 여러 방향의 모델 역할을 했다. 그러나 거기에
"비판성"의 영향을 비난한 진영의 다수 구성원 뒤에 흐릿하게
있던 추가적인 숨은 실력자가 있었다. 그는 미국의 예술
비평가이자 평론가인 데이브 히키Dave Hickey이다.

16　Sylvia Lavin, in lectures delivered during the spring 2004 at
Harvard, Princeton, and the University of Toronto.

건축 영역에서 타푸리의 위상 만큼 잘 알려지진 않았지만, 히키는 미국과 그 외 지역에서 사회적·문화적 주제를 폭넓게 다룬 글을 통해 최근 맥아서 펠로우MacArthur Fellow로 선정되었다. 미니멀리즘 예술 전통의 지속적 적절함에 대해 확고한 회의적 관점(이 관점은 아이젠만과 무척 다르며 독특하다)을 지니며 대중문화와 예술 비평에 폭이 넓은 날카로운 관찰자인 히키를, 소몰과 와이팅은 두 명의 미국 영화배우, 로버트 미첨과 로버트 드 니로의 연기 스타일을 대조하는 해석의 저자로 인용했다. 이 두 명의 미국 배우에 대한 히키의 관점을 해석하면서, 소몰과 와이팅은 "열정"과 "냉정"한 스타일로 대비시켰다. 냉정은 혼합의 과정(그래서 도플러 효과가 냉정의 한 형태일 것이다)을 제안하는 반면에, 열정은 구별을 통해 저항하며 전반적으로 어렵고, 장황하며, 힘들고, 복잡한 것을 암시한다. 냉정은 "편안하고, 쉽다". 그래서 소몰과 와이팅은 우리 영역에서 타푸리의 미국 유훈을 떨쳐버리는 노력의 하나로 히키를 이용하는 데 열을 올린 것은 분명하다.

내게 (그리고 나는 두 저자의 히키에 대한 매혹을 공유한다고 말하고 싶다) 이 가능성은 그렇게 명쾌하진 않다. 나는 여기로 곧 다시 돌아올 것이지만, 먼저 내가 앞서 개괄한 견해의 전체 스펙트럼 안에서 제기되는 몇 가지 흥미로운 모순을 검토하고자 한다.

우선, (앨런이 부르던) 디자인 아방가르드Avant-Garde 혹은

(스픽스가 부르던) 전위자Vanguard의 문제를 검토해보자. 두 평론가는 이 문제를 시대에 뒤떨어지고 엉뚱한 것이라고 일축한다. 이는 명백하게 저항을 구현한 확실한 미국 문화 아방가르드로 여겨진 아이젠만에 대한 묵살이다. 그럼에도 불구하고 무척 흥미로운데, 타푸리 스스로 새로운 비판성의 비평가들이 선언하기 오래 전에, 건축에서 아방가르드는 시대에 뒤떨어지고 엉뚱하다고 선언한 바 있다. 아이젠만의 렌즈를 통해 타푸리를 보는 미국 이론가들의 경향은 그만큼 강해서, 타푸리가 존중한 미국 건축가와 계획가들은 아방가르드가 전혀 아니었으며, 차라리 (테네시 계곡 당국의 뉴딜 창안자들이라는 점을 언급하지 않더라도) 엘리엘 사아리넨, 클래런스 스타인 그리고 헨리 라이트[17]라는 사실을 알아채는 데에도 실패했다. 미국 독자들은 "규방의 건축"에 너무 열중한 나머지 타푸리가 [독일] 아방가르드주의에 대한 안타까움을 느껴 당시의 직능적 "참여"에 깊게 관심을 가졌던 "독일 바이마르에서 사회정치와 도시"에 대해 특별한 주의를 기울이는 데 실패했다. 그래서 이런 첫 번째 역설에서, 타푸리가 여전히 살아 있었다면,

---

17 [옮긴이] 이들 모두는 미국 지역계획 협회(Regional Planning Association of America)의 구성원이었다. 이 협회는 이들 모두의 관심은 미국 도시와 마을에서 차이를 만들어내고자, 개념화하고 실험해서 도시와 마을에 대한 인식에 자극을 주었다. 이런 노력은 결국 뉴딜 정책에 흡수되지만 이들이 기대한 것과는 무척 달랐다.

스스로 젊은 미국인들이 아방가르드의 환상 깨기에 동참해 함께 있을 것이며, "공적 정당성에 관여하고, 새로운 기술을 적극적으로 도입하며, 그런 건설의 창의적인 방식에 전념하는 실천 방식"[18](앨런)에 대한 이들의 갈망을 지지했을 것이다.

그 다음에 "도구성"의 주제가 있다. 소몰과 와이팅은 자신들의 글에서 "자율성"에 정확히 대비된 것으로 "도구성"을 중요하게 소개한다. 그리고 이들은 우리가 앞서 보았듯 이 용어를 자신들이 제안하는 새로운 접근의 주요 특징 세 가지 ―프로젝트화, 수행성, 실용성―로 요약한다. 그런데 사실 타푸리 또한 프로젝트화에 대해 깊게 매진했었다. 이 글에서 이미 주지했듯이 타푸리라는 수준 높은 실천가의 건축적 "프로젝트"에 대한 개념화는 이론적 입장에서 핵심이었다. 마찬가지로, 적어도 부분적으로는 건축 프로그램과 연관되어 "실용적"이라 읽을 수 있는 범위에서 보면, 타푸리는 명백하게 콜하스가 했던 것처럼 디자인 혁신 매개체로서 프로그램에 관심을 가지고 있었다. 그러나 사회정치sociapolitik 문제처럼, 투사적 효과와 프로그램적 혁신에 대해 타푸리가 애쓰는 것은

---

18   내 주장의 이 시점에서, 스탠 앨런이 『하버드 디자인 매거진』 "상황 점검" 특집호의 기고에서 자신이 지지하는 그런 실무 형태가 유럽 많은 곳에서 발견될 수 있으나 "지금까지 미국에서의 번역은 거절되었다"라고 알아채는 것은 흥미롭다. 그래서 아마도 타푸리의 유럽 교훈 수집가들은 알려진 것보다 더 강하게 남아 있는가?

"비판성"과 그 불만

아이젠만의 렌즈를 통해서는 보기 힘들다.(나는 타푸리의 글에서

"수행성"에 대한 비교할만한 노력을 못 찾는다는 점은 인정한다. 그러나 타푸리가

자신의 잡지 『콘트로피아노Contropiano』에서 전략적으로 이탈리아 공산당의 입장과

자신이 연합하고 있는 정치적 입장을 구분하고 있음을 분명히 알아챌 수 있다. 타푸리는

소속 정당 입장의 지속적 공식화 과정에서 노동자의 적극적 참여에 전념하면서, 정당

지도자들이 옹호한 탑다운 방식의 정당 수직 통제에 반대했으며 이런 이유로

노동자주의operaista 정치 경향이란 꼬리표가 붙었다.)

　이제 비판성에 환멸을 느낀 젊은 세대가 제기한 논쟁의
효과를 위해 소환된 히키로 돌아가보자. 확실히 그의 변칙적인
감수성은 소몰과 와이팅, 래빈을 매혹시켰고, 여기에는 이들
모두 충실했던, 특수함에 대한 놀라우며 매력적인 개방성이
있다. 히키는 심지어 래빈이 최근 아카데믹 논쟁에서 발표했던
심오한 몇 개 평론에서 신빙성을 더해 준 "장식적인 것"에
관여하려는 의지까지 지니고 있다. 히키가 규정한 미첩의 연기
스타일과 그의 재즈에 대한 관심은 소위 "편안한" 혹은 "쉬운"
것으로 불릴 수 있는 문화적 입장과의 연결을 훨씬 더 강화한다.
　그러나 모든 것을 고려해보면, 히키는 스스로 (암시적일지라도)
"진정성"에 대한 고집스런 탐색 역시 계속 추구하고 있다.
내가 들었던 그의 첫 강의에서 그는 내가 잘 알고 있는 미국
남서부 두 도시인 산타페(여기에서 그의 2002년 전시 〈아름다운 세상
Beau Monde〉이 개최됐다)와 라스베이거스(그는 여기에 살고 있다)에 대한

긴 비교 설명을 했다. 두 도시에 대한 그의 비판적 특징을
요약하면, 그는 "가짜 진짜보다 진짜 가짜"를 선호하기 때문에,
산타페보다 라스베이거스를 선호한다는 번뜩이는 관찰을
했다.[19]

　　탈-비판 프로젝트의 주도자들이 아이젠만의 유훈에
도전하고자 히키를 소환하는 범위에서 보면, 〈아름다운 세계〉
전시 소개글에서 드러난 언급은 이들을 진지하게 생각하도록
할 것이다. 전시에 포함된 예술가와 작품의 선정에 대해 그는
다음과 같이 언급했다. "포스트-미니멀리즘 의제에 대해
질문하는 대신 차라리, '얼마나 거칠게 얻을 수 있는지 그리고
계속 의미 있게 유지할 수 있는가?' 묻고자 한다. 그래서 나는
다음의 범세계적cosmopolitan 질문을 하고 있는 나 자신을 발견할
수 있었다. '얼마나 부드럽게 얻을 수 있고 계속 합리화에
저항할 수 있을까?'"[20] 우리가 지금 알고 있듯이 "냉정"하고
사변적인 히키 조차도 자신만의 방식으로 "저항"에 계속
참여하고 있다. 그가 산타페 전시에서 스스로 자문하면서
제안했던 도발적인 질문이, 내게는 누구나 쉽게 딜러와

19　Dave Hickey, "Dialectical Utopias," *Harvard Design Magazine*
no.4 (Spring/Summer 1998), pp.8-13.

20　Dave Hickey, *Beau Monde: Towards a Redeemed Cosmopolitanism*
(Santa Fe, New Mexico: SITE Santa Fe, 2001), p.76.

스코피디오의 작업, 즉 1993년에 설치한 '소프트 셀 42번가 Soft Sell 42nd Street'[21] 같은 작업에 대해 예상할 수 있는 질문으로 보인다.[22]

그런데 42번가에 대해 말하면서, 비판성에 관한 주류 담론의 부식에 대해 내가 설명을 시작했던 바로 그 인물인 렘 콜하스를 떠올려야 한다는 것이 흥미롭지 않은가? 콜하스 자체의 관심은 격렬한 비판성에 대한 교전의 최근 몇몇 에피소드보다는 "건물의 창조적인 방식"과 탈-비판적 어젠다 여러 중요 영역에 관여하는 것이다. [이런 콜하스에 대해 말하자면] 나는 콜하스가 하버드디자인대학원 컨퍼런스에서 앤드류 듀아니Andres Duany와 뉴어바니즘을 공격하면서, 깨끗한 디즈니화의 결과로서 맨해튼 42번가의 독특한 거리 문화를 파괴한 것에 반대해 "미국의 주요 건축가"의 실패로 듀아니를 공개적으로 언급하면서 신랄하게 비난하기 위해 주의 깊게 적절한 때를 기다렸다는 매력적인 얘기를 곱씹으면서 시작할

---

21 *Architectural Probes: The Mutant Body of Architecture* (New York: Princeton Architectural Press, 1994), pp.250-253.

22 [옮긴이] 딜러+스코피디오의 'Soft Sell 42nd Street' 전시는 다음의 웹사이트에서 볼 수 있다. https://dsrny.com/project/soft-sell. 전시 방식은 다소 파격적인데 당시 개발을 위해 폐쇄된 포르노 극장 입구에 가장 익숙한 포르노적 장치인 여성의 입을 클로즈업 하여 지나가는 사람에게 말을 거는 영상을 보여준다.

수 있을 듯하다.[23] 그리고 나는 콜하스가 베이징에 넓게 분포된
역사적 주거 지구의, 개탄스럽고 너무 실용적인 파괴에 합의한
것을 두고 중국 당국자들을 공격했던 최근의 이야기로
마무리한 듯하다.

그래서 이 흥미로운 갈라짐이 지금까지 수면으로 드러난
정치적 노선들과 이론적 복잡성은 내가 이야기의 결론을 내는
데 맞지 않으며 오히려 시작에 불과하다. 나는 견고하고
지속적인 새로운 직능적 입장이 완성되기 전에, 수많은 중요한
질문이 요구되리리라 본다. 예를 들어 "편안"하고 "쉬운" 것이
"어려움"과 화해할 수 없다는 게 아마도 사실이지만, 내게
이것들이 "저항자"들과 화해할 수 없는지는 그리 명확하지
않다. 그런데 내가 볼 때 건축과 영화 사이의 사회적·정치적
유사성에 대한 훨씬 진보된 추적은 그만큼 미묘한 차이를 훨씬
잘 구분하는 강력한 방법일 수 있다는 것 또한 분명하다.

따라서 나는 비판성과 관련해 새로운 비평가들이 옹호하는
실무적인, 소위 "투사적" 방식이 가져올 중요한 사회적 변형에
대한 포부와 능력을 측정할 수 있는 비판적 평가 모델을 어떤

23　[옮긴이] 렘 콜하스는 1999년 열린 하버드디자인대학원(GSD)
컨퍼런스에서 앤드류 듀아니와 뉴어바니즘을 공격했다. 이 컨퍼런스는
'Exploring New Urbansim(s)'이란 제목의 DVD로 판매되었으며,
다음 웹페이지에서 볼 수 있다. https://www.youtube.com/watch?v
=nlPZNrzY_t8

범주에서 개발할지 또한 무척 궁금하다. 그런 모델이 없다면 건축은 너무 쉽게 개념적으로 그리고 윤리적으로 다시 표류할 것이다. 예를 들어, 형식 범주로서 "장식적"인 것이 새로운 건축 실무 형태에 포함되면 문화적 관점에서 다양성이란 명목을 지닐 게 분명한데, 그런 형태가 "단순히" 장식적인 것으로 환원될 위험이 있다는 것 또한 분명하다. 실제로 "단순히" 장식적인 건축 이야기가 경고의 역할을 충분히 해왔다.

내 관점에서는 근본적으로 새로운 투사적 건축이 투사적 이론에 근거하지 않는 것은 전재될 수는 없다는 점은 분명하다. 나는 프로젝트 이론이 없다면 놀라운 속도로 이 새로운 건축은 "단순히" 실용적인 것 그리고 "단순히" 장식적인 것으로 전개될 것이라 예상한다.그래서 비판, 혁신, 진정성 그리고 확대된 문화적 가능성 등 각각의 역할이 우리 시대에 "작동하는" 새로운 실천Praxis 이론에 통합될 수 있기 전에, 우리 모두에게 훨씬 더 많은 세심한 심사숙고를 요청하면서 이 글을 끝맺으면 어떨까.

지은이 조지 베어드 George Baird

캐나다의 건축가이자 학자. 하버드디자인대학원의 교수를 지냈고, 이후 토론토대학교 건축학부 학장을 역임했다. 그의 연구는 도시 공공 공간의 정치적, 사회적 지위에 관한 질문과 '비판적 건축'이라는 주제에 중점을 두고 있다.

옮긴이 신건수

프랑스에서 건축가 학위(ADE)를 취득한 후 프랑스 정부장학금으로 연구하여 파리-에스트 대학(Univ. de Paris-Est)에서 『제러미 벤담의 파놉티콘과 미셸 푸코의 파놉티즘』라는 주제로 박사학위를 취득했다. 근대 건축의 생성 조건에 관심을 두고 있으며, 최근 '건축의 주인은 누구인가?'라는 주제로 2020 대한민국건축문화제를 기획했다. 현재 경남대학교 건축학부 교수이다.

이론 이후

마이클 스픽스

소개하는 글

「이론 이후: 디자인에서 혁신에 대한 이론의 가치와
그 효과를 둘러싼 건축학교의 격렬 논쟁」
마이클 스픽스

이경창

소개하는 글

탈비판적 장영을 대표하는 마이클 스피크스Michael Speaks의 이 글은 2005년 『아키테스처 레코드』에 일부 수정 후, 대중적인 잡지에 기고된 글로써 이론적 영향력보다는 건축계에 매우 더 실용적 영향을 소개했던 건축가 베이어드 이치가 영향력 전성을 피력하고 있다. 시기적으로는 조지 베이어드 의 미국에 대응하는 글로 볼 수 있다. 때 스피크스는 이보다 앞서 2002년 『에이플러스유』에 기고한 글에서 숱하게 다뤄 왔으나 이들에게 볼 수 없어서 미래가 지나간 듯 잘전위에서 진화해온 동시에 지지 않고 21세기로 들어서면서 탈-전위에서 진화해 동시에 지지 않는 미래의 이미지와 이념, 개념을 따른다. 탈-전위 예술들은 지능이 이종교배 이런 아이디어, 이론, 개념으로 예술할 수 없는 혁신이 기회를 담아내어 지성의 잠재력을 극대화하는 것이 아니라 엉뚱한 통찰력 속에서 사업가적이고 유연하고 이념은 이것 새롭기가 다. 비판적 실천에 자주, "형식적 지능이 될 - 전위예술등 이어서 없어나 와짯한 예지는 이르고 오지 않았다. 때 이 글은 여사에 취임할 수 있는 이 세기의 지속의 맥락은, "이름의 시대혁명적인 딸 아니라 과거에는 시 해석이 공학 발전에 약해봉이 볼과," 한다. 다음은 끝에 스피크스에 쓴 이들에 대한 대응들을 떠올린 베이스가 뒷장된 (예전 나는 인용하지 않는 동영상시만) 글은 "탈비판주의라고도 불리는, 나도 이들이 잘송에서 얻

1 Michael Speaks, "Design Intelligence Part 1: Introduction," *a+u* 387 (December 2002), pp.16-18.

이문 이후   137

소개하는 글

신문화의 발전과 무관할 뿐 아니라 계속해서 장애물이었다고 주장한다. 계몽주의의 확실성에 대한 참신한 대안으로 제기된 이론은 자신을 향한, 낡아버린 계몽화된 비판이자 끊임없이 자기 꼬리만 쫓는 목적 없는 비판이었다. 이론은 또한 생각은 행동과 분리되며 사실상 행동을 이끈다는 계몽시대 신념을 영속시킨다. 즉 선언은 정치적 행동을 이끌고, 건축이론은 건축 실무를 이끈다는 것이다. ¶ 스픽스에 따르면, 이론은 생각과 행동이 분리되며, 생각이 행동보다 우위에 서서 행동을 이끈다는 위계적 사고방식의 일환일 뿐이다. 그렇다면 이런 이론과 비판이란 범주를 넘어서는 대안은 어디에 있을까. 스픽스는 이제 이론이 아닌 지능의 역할이 더욱 중요하며, 지능은 오늘날 모든 부가가치의 원천이라고 말한다. 이를 그는 특별히 "디자인 지능design intelligence"이라 명명한 바 있다. "디자인 지능"은 생각과 행동을 통합시킨 개념으로 등장한다. ¶ 그는 그렉 린Greg Lynn의 폼FORM이나 베르나르 카슈Bernard Cache의 오브젝타일Objectile 같은 디지털 기술을 사용하는 설계사무소에서 벡터 기반의 정보를 통한 프로토타입의 창조로 혁신적 프로세스를 만들어내는 것을 예로 든다. 또한, 최근 소규모 사무실에서 새로운 건축 실무의 형태가 만들어지고 있으며 레이저 밀링 머신에서 1:1 스케일 모형 건설에 이르기까지 모형을 빠르게 조립할 수 있게 됨으로써, 디자인의 한계와 시공의 복잡한 문제를 파악할 수 있다. 이런 디지털 매체의 혁신으로 인해, 이론보다 건축가의 수행능력이 더 중요해지고 그런 숙련자만이 건축 규율이 정한 한계를 뛰어넘을 수 있다고 전망을 내리고 있다.

138   비판 대 탈비판

스픽스의 이런 입장은 최근 건축계의 발 빠른 환경변화에 맞춘 듯이 보인다. 여기에서 언급된 시제품화나 디자인 지능은 이제 3D 프린팅과 인공지능이라는 이름으로 현실화에 직면하고 있으며, 실무 건축가의 입장에서 최근의 변화와 가능성을 제시해주는 것처럼 보인다. 쉽게 예상할 수 있듯이, 디지털 기술의 발달과 인공지능의 개발은 이제까지 알고 있던 건축이라는 학제를 완전히 바꿔놓을지도 모른다. ¶ 그렇다면, 이제 골치 아프기만 한 이론을 공부할 이유도 없으며 어떤 윤리적 책무나 사회적 책임, 철학적 고려사항조차 고민할 이유가 사라진 것일까. 더 나은 세상을 향해 투쟁하며 싸웠던 건축가의 사회적 실천은 이제 철 지난 일이 되어 버린 것일까. 디자인의 혁신은 곧 사회적 혁신이자 정치적 혁신이 될 수 있을까. 디자인 실무가 건축의 모든 외적 힘들을 조정해낼 수 있을까. ¶ 이렇게 스픽스에 따르면, 이론의 시대는 끝이 났다. 수많은 디지털 기반 건축가들의 혁신적 디자인과 작업은 이를 보증하는, 이론 시대의 종언을 알리는 종소리이자 새 시대의 나팔소리이다. 그의 「이론 이후」라는 제목은 공교롭게도 문화이론가 테리 이글턴의 『이론 이후』라는 책 제목과도 같다. 테리 이글턴은 동명의 책에서 다양한 '이론 이후' 또는 '이론의 죽음'이라는 서사가 천명됨에도, "이론 없이는 인간으로서의 삶을 숙고할 수 없다는 의미에서 우리는 결코 '이론 이후'에 존재할 수 없다"[2]라고 적은 바 있다. 이렇게 보면 스픽스

---

2   테리 이글턴, 『이론 이후』, 이재원 역, 도서출판 길, 2010, 304쪽.

의 '이론 이후'의 천명 역시 하나의 이론으로 보아야 한다. 다만, 이것이 그가 비판했던 선언에 그치고 있다는 점이 아직까진 한계로 보이지만 말이다.

원문 출처
Michael Speaks, "After Theory: Debate in architectural schools rages about the value of theory and its effect on innovation in design," *Architectural Record* (June 2005), pp.72-75.

지난 수년간, 우리의 가장 앞서가는 몇몇 건축학교와
연구소들은 건축 학제가 어떠했으며 앞으로 어떠해야 하는지
기록하고 제안하는 노력 속에 대차대조표를 그려왔다. 그들의
명시적 관심에도 불구하고 대부분 학교에서는 점차 기술적인
변화와 시장화에 지배되는 세상 속에 건축이 직면한 도전의
근본적 본성을 알아채는 데 더뎠다. 그들은 디자인과 분석에서
새로운 디지털 기법을 가르치는 일을 해왔지만, 학교는 대체로
혁신에 높은 가치를 부여하는 시장에서 학생들이 이 기술을
가장 잘 사용할 수 있게 하는 지적 문화를 발전시키는 데는
실패했다.

그 한 가지 이유로는 1970년대 이래로 이른바 다수의
엘리트 학교들이 해체주의와 마르크스주의를 감춘 전위주의
vanguardism의 형태를 띠었다는 것이다. 그들은, 여러분들이 사는
보스턴, 베이징, 부에노스아이레스 같은 미래 건축의
형성자이자 혁신의 장소인 상업과 시장에 대해 거의 체질적으로
혐오감을 공유했다. 이런 이론들이 장악하고 있는 학교의 지적
문화는 매우 강력해서 아주 최근까지도 다른 형태의 생각을
개발하는 걸 가로막았다. 많은 비평가는 이제 이런 부정적 전위
이론이 지난 10여 년간 형성되기 시작한 급속한 현대화와
수평화된 세상에서 시대착오적이라는 것을 깨닫기 시작했다.

이론 이후

하지만 우리가 새로운 "이론"이 아니라, 혁신을 지지할 새로운
지적 체계가 필요하다는 것을 깨달은 사람은 소수에 불과하다.

그런데도, 학교 내부에는 시대착오적인 이론의 장악이
느슨해지기 시작했고, 그에 대한 대안들이 나타나고 있다는
신호가 감지되었다. 토론토대학교 건축 조경 디자인 학부의
학부장인 조지 베어드는 『하버드 디자인 매거진』 21호(2004)에
발표한 글에서 해체주의, 마르크스주의 그리고 건축 교육과
동시대 실무에 관한 이론의 타당성에 대해 매우 다른 관점을
기진 두 세대의 비평가와 교사들 간 최근 논쟁을 간략히
소개했다. 베어드는 스탠 앨런, 실비아 래빈, 로버트 소몰, 사라
와이팅과 나를 위시한 젊은 세대들이 건축가 피터 아이젠만과
하버드대학교 건축 이론 교수인 마이클 헤이스가 25년 이상
조장하고 옹호해온 "비판적" 건축에 대한 공격에 초점을
맞추었다. 아이젠만의 글은 해체주의의 아버지인 이론가 자크
데리다의 주장처럼, 궁극적인 진리는 없으며 단지 역사적으로
결정된 진리의 판본과의 불완전하고 비판적인 관여만 있다고
주장했다. 아이젠만에게, 비판적 또는 그가 예전에 명명했듯
"탈구적dislocative" 건축은 실재적인, 그러나 궁극적으로는
획득 불가능한 건축의 본질을 끝없이 탐구하는 건축적 진리에
대한 이런 규범적 접근을 비판한다. 그리고 이런 본질은
아이젠만에게 프로그램, 용도, 상업적 성공 가능성 같은 시장

주도적인 요구를 가리는, 형태의 추상적 완결성 속에 표현될 수 있을 뿐이다.

다른 한편, 헤이스는 모든 건축은 자본주의로 인해 가망 없이 타락했다는 마르크스주의 역사가 만프레도 타푸리의 주장을 확장하고 확대함으로써 우리 시대 가장 영향력 있는 이론가 중 한 사람이 되었다. 건축가들은 그래서 자본주의에 저항하는 작품을 만들거나 자본주의를 종말로 몰고 가야 새롭고 유토피아적 건축이 등장할 수 있다. 아이젠만과 헤이스는 각각 설립하고 편집을 담당했던 건축 저널 『오포지션스』(1973-1984)와 『어셈블리지』(1986-2000)와 그들이 펴낸 많은 책들 그리고 오랜 기간의 강의를 통해 기득권 또는 시장에 오염된 디자인과 일반적인 상업 문화에 대해 저항하고, 부정하고 대안을 만들려는 건축에 대한 지적 근거를 쌓아왔다.

베어드가 명명했듯 위에서 언급한 젊은 비평가들 또는 "탈비판가들"은 아이젠만과 헤이스가 저항하고자 한 바로 그 조건들에 관여하는 것을 지지하며 "비판성"을 거부했다. 당당하게 유행에 민감하며 매력적이며 단명하는 "쿨한" 건축에 대한 실비아 래빈의 지지, 시장에 굴복하지 않되 참여하는 "투사적" 건축에 대한 로버트 소몰과 사라 와이팅의 요청, "건축 실무는 세상에 대한 주석이 아니라 세상 속에 그리고 세상 위에서 작동하는 것이다"라는 스탠 앨런의 단언은 확실히

이를 잘 보여준다. 베어드는 이 잡지[1]에 실린 에세이 시리즈를 포함한 나의 저술을 가장 극단적인 시장 친화적 평론이자 비판성에 대한 최전선 공격의 포문을 연 것으로 인용한다.

더불어, 베어드가 말한 탈비판가는 건축 이론에 스스로 관여하지 않거나 어떤 경우에는 거부한다는 것을 지적할 만하다. 거의 15년 전『프로그레시브 아키텍처Progressive Architecture』(1990년 8월호)에 에세이를 펴낸 래빈과 최근 앨런은 여러 차례 라운드테이블에서 디자인 실무에 끼친 이론의 영향에 대해 심각한 의문을 표한 바 있다. 앨런은 자신의 지적 발전과 실제로 아카데미 내 외부의 발전에서 매우 중요한 역할을 했음을 여러 차례 인정했지만, 이론을 무시하는 것까진 아니라 해도 이론의 중요성은 이제 현재의 문제라기보다는 역사화 된 문제라고 생각한다.

베어드가 말한 (어쨌든 나는 인정하지 않는 명칭이지만) 다른 "탈비판가들"과는 달리, 나는 이론이 건축에서 혁신문화의 발전과 무관할 뿐 아니라 계속해서 장애물이었다고 주장한다. 계몽주의의 확실성에 대한 참신한 대안으로 제기된 이론은 자신을 향한 낡아버린 계몽화 된 비판이자 끊임없이 자기 꼬리만 쫓는 목적 없는 비판이었다. 이론은 생각이 행동과

---

1   [옮긴이] *Architectural Record* (December 2002), p.74; *Architectural Record* (January 2002), p.72

분리되며 사실상 행동을 이끈다는 계몽시대 신념을 영속시킨다. 즉 선언은 정치적 행동을 이끌고, 건축이론은 건축 실무를 이끈다는 것이다.

행동은 그래서 일련의 진리 또는 원리의 발견 또는 공표에 의지한다. 물론, 이론의 경우에 진리가 없다는 것이 진리라고 보기는 하지만 말이다. 확실히 1988년 뉴욕 현대미술관에서 개최된 유명한 해체주의 건축전의 경우가 그랬다. 20세기 초 전위 건축가들vanguards이 발견했으며 그들의 선언문에 쓰였던 "진리"처럼, 이론은 전시 큐레이터인 마크 위글리Mark Antony Wigley와 필립 존슨에게 비진리로 위장한 새로운 진리를 제공했다. 위글리의 명석한 선언은 자크 데리다의 전위 이론과 러시아 구축주의의 전위적 건축 형태를 한데 묶었다.

그것이 『오포지션스』의 첫 번째 호에서 시작하여 『어셈블리지』의 마지막 호에서 마감한 건축에서 이론의 역할이었다. 즉, 전위 건축가에게 자본주의와 시장에 저항하고 그것을 비판하며, 유토피아적 대안을 제시할 수 있는 좌파 정치적인 지적 의제를 제공하는 것이다. 그런 환상은 결국 매력을 잃어버렸을 뿐 아니라 실제 세상과 모든 관련성도 잃어버렸다. 건축 사회는 이제 1970년대 이후로 건축학교를 지배했던 모든 것을 다 알고 있는 전위 이론가들의 안내 없이 미래를 대면하게 되었다.

무엇보다 전위주의 이론의 확신은 건축학교에서 혁신문화의 발전을 지체시켰다. 학교의 혁신문화는 더 유동적이며 생각과 행동의 상호작용하는 관계, 건축적 지식에 대한 확장된 정의를 요구한다.

가장 중요한 건축에서 해체주의 이론가 중 한 사람인 제프리 킵니스Jeffrey Kipnis는, 비엔나 응용예술 아카데미에서 울프 프리Wolf Prix가 주관한 건축교육에 대한 공적 토론회인 "스타가 되는 법"에 참여자로 나서 이를 달성하려면 학교는 건축 전문지식을 가르치는 데 초점을 맞추어야 한다고 제안했다. 그는 건축 전문지식을 단순한 기술과는 조심스레 구분하였다. 건축 학제의 기본 역량에 숙달한 사람만이 혁신할 수 있다고 킵니스는 주장했는데, 그런 전문가만이 기술을 그 학제가 한정한 경계와 한계를 넘어서기 위해 사용하는 법을 알기 때문이라는 것이다. 킵니스가 옳겠지만, 전문가가 무엇으로 구성되는지 그리고 어떻게 가르쳐야 하는지는 여전히 미해결의 문제로 남아 있으며 아마도 오늘날 학교가 직면한 가장 중요한 질문이 될 것이다.

그동안 건축의 앞으로 향방을 묻는 물음에 대한 가장 유망한 대답은 모든 방식의 디지털 디자인과 제작 기법을 가르치고 새로운 종류의 형태가 태어나는 (최소한 화면 위에서나마) 명문 학교의 스튜디오와 세미나에서가 아니라, 워크숍과

소규모 사무실의 데스크톱 즉 시험실험실에서 건축 실무의 새로운 형태가 만들어진다.

윌리엄 멘킹William Menking은 최근 『아키텍츠 뉴스페이퍼The Architect's Newspaper』 2005년 1월 25일자 논설에서 몇몇 뉴욕의 건축사사무소와 디자인 사무실 워크숍의 중요성이 커지고 있다고 적고 있다. 뉴욕시의 샤플스 홀덴 파스퀘렐리Sharples Holden Pasquerelli; ShoP, 프리셀Freecell, 그리고 페이스FACE, 뉴욕 트로이에 있는 윌리엄 매시William Massie, 필라델피아의 베이코 Veyko가 그들이다. "오늘날 워크숍을 특별하게 만드는 것은 레이저 밀링 머신에서 1:1 스케일의 모형에 이르기까지 모형을 빠르게 제작할 수 있다는 사실이다." 이것은 페이스FACE의 손 트레이시가 멘킹에게 말하는 것처럼, "디자인의 한계와 복잡한 구축물을 빠르게 파악할 수 있게" 한다.

이런 추론적 시험과 시제품화는 엠아이티 미디어랩MIT Media Lab의 이-마켓 창업E-market Initiative의 공동설립자인 마이클 슈라지 Michael Shrage가 "지식의 스프레드시트 방식"이라 부른 것이 하나의 예가 된다. 이것은 디자인 시제품을 통해 디자인 지식 (나는 이를 이 잡지와 다른 잡지에서 "디자인 지능"이라 부른 바 있다)을 만드는, 행동으로서의 생각thinking-as-doing의 한 형태이다. 한 명의 회계사나 관리자가 개인 컴퓨터에서 "가상의 업무phantom business"를 행하고 조작하는 것을 가능하게 만든 1979년 첫 개인

디지털 스프레드시트 비지캘크VisiCalc의 안내서를 이야기하며,
슈라지는 스프레드시트 사고법이 실제와 아주 유사한 조건
아래 빠르고 싸게 시험하고 재디자인하며 재시험할 수 있는
그럴듯한 선물업이나 디자인 시제품을 계획할 수 있게
해주었다고 말한다. 그런 시제품화는 근본적인 혁신이었는데,
왜냐하면 디자이너가 수많은 "가상의" 디자인을 만들고
시험할 수 있게 해주었기 때문이다. 이것은 실현 가능한 디자인
범위에서 추론하는 것—행동으로서의 생각—으로서, 그런
추론이 없다면 실현 불가능해 보인다. 게다가 그것은
디자이너에게 디자인 문제에 대한 대안적 해법을 고객에게
제공할 수 있게 할 뿐 아니라 디자이너에게 고객이 명확히 말할
수 없는 대안적 디자인 문제를 재구성하고 제시할 수 있게
한다. 물론, 이것은 언제나 시범 사례에 불과했지만, 시앤시
밀링CNC milling, 디지털 제조, 파라메트릭 모델링과 함께 추론은
이제 실제 재료로 실시간 일어난다.

　　의미심장하게, 시제품화는 협동 작업을 강화하는 공유
디자인 공간을 만들어서 그렇지 않았다면 고려되지 않았을
변수를 도입함으로써 더 나은 혁신으로 이끈다. 포린 오피스
아키텍츠Foreign Office Architects, FOA의 알레한드로 자에라폴로는
이런 절차를 잘 기술했는데, 그의 팀이 요코하마 항만 터미널
작업을 할 때, "디자인 과정은 그 자체로 지식을 창조하는

과정이 되었다"라고 말한 바 있다. 슈라지는 이것이야말로 가장 흥미로운 새로운 디지털 주도의 시제품화 형태 중 하나라고 믿는다. 그것은 분석되고, 변경과 조정이 가능하며, 최종 디자인의 한 판본이 아니라 혁신의 도구가 된다. 만드는 것은 곧 지식이나 지능의 창조가 된다. 이런 방식으로 생각과 행위, 디자인과 제작, 시제품과 최종 디자인은 경계가 흐려지고, 상호작동하며 혁신의 비선형적 수단의 일부가 된다. 건축학교는 젊은 교수들과 동료들의 소규모 소박한 워크숍에서 가르침을 배우게 될 것이다. 그리고 다른 전위 건축가들이 매우 솔깃한 서비스를 제공하기 전에 신속히, 우리는 우리를 또 다른 길로 안내할 새로운 진실의 새로운 판본으로 다시 대우받게 된다. 이것은 이전에 일어났다.

지은이　마이클 스픽스 Michael Speaks

미국의 건축 이론가이자 교수. 듀크대학교에서 박사학위를 취득했다. 예일대학교와 하버드대학교, 컬럼비아대학교 등에서 건축을 가르쳤고, 현재는 시라큐스대학교 건축학부 학장이다.

옮긴이　이경창

건축비평가 겸 건축가. 구와미로 건축사사무소를 운영하고 있으며, 건축평론동우회 동인이다. 현재 『건축평단』 편집위원으로 활동하고 있다.

건축의 비판적

힐데
하이넨

위치?

소개하는 글

「건축의 비판적 위치?」
힐데 하이넨

박성용

힐디 하이넨Hilde Heynen은 사회적 비판성이 가치를 자동적으로 비판적이고 근원적으로, 철학 외에 견고 오직 그 것들이 사회적 비판성을 내용하고자 한다. 그 가치도 비판적 것들이 많은 영향을 줄 판단크로노텍리이 비판 이론 문화 사회이론에 근거를 연상한다. 프랑크푸르트학파의 대표적 약 호르크하이머Max Horkheime에 따르면 비판이론이 (통틀리든) 철학 고 후로 아방가르드 (이동될 것인가) 건강장치에를 나타내다, 말라크 비판적 것들 이 말하는 사회적 문화 사회에 대한 중심이 아니라 기능적인 건장장치에를 내포해 야 한다는 것이다. 하이넨에 이어지면 근대 비판에 기초 사회에 대한 대답 안으로 양증피이를 형성한 사회적 기체를 의도했다는 점에서 사회적 비 판성의 기대한 기준들의 것이다. 사회적 비판성, 동말로 곧 방법을 아이러니를 해 나 비판적 것들이 미술 것입이 미 자 시동성 수도를 따르한다. 그 근 이러한 중의 자동성 비판성이 비판이론이 기고 있는 사회적 관 계 이원적인 때문에 근본적으로 비판적 것으로 일부닐다. 기계 의의 복잡한 배태에서 질등적인 사회용을 비판적 강조성을 아이러니의 것을 야기된다. 질등의 비판적 비판적 기호에서는 진정한 비판적 것들과 가까가 있 다. 원 자에 이어서 사용용을 강조하는 것들은 비판적 것들이지고 비 이탈적으로 그리고 사적지지 지배장에의 바꿔지 고로가 것들이다. 내 비 판적 것들의 두 가지 유형(사회적 것들과 자동성 것들-미적인 것들)에 대한 이미 받은 부사의 이방가르드에 대립을 통해 드러난 것으로만, 하이넨이 아 방가르드 모든 두 가지의 상흥으로 드를 수 있는데, 정치적 정치 정 자와 랭과 근대의 배보Avant-Guards라는 용어 이에 가지 얻게 의미 그대로 '첨단성'이를

의미이고, 두 번째는, 페터 뷔르거Peter Bürger가 강조한, 기존 문화와 제도로서의 예술에 대한 저항의 의미다. 아방가르드에 대한 첫째 의미는 1968년에 발표된 레나토 포지올리Renato Poggioli의 이론에 많은 부분 기대고 있다. 이는 문학 분야에서 처음 도입되었는데, 근대 사회가 도래하고 문자가 세속화됨에 따라 고급 언어와 일상 언어를 구별하고자하는 시도에서 비롯되었다. 포지올리에 의하면 이러한 경향은, 고급 예술로서 새로움과 독특함 자체가 목적인 아방가르드가 된다. 이러한 태도는 근본적인 목적에서부터 일상 즉 사회와 스스로를 구분하고자 했으며, 예술이 갖는 내재적 형식에 대한 실험과 심미화를 가속시키는 역할을 했다. 또한 예술 자체의 논리가 심화됨에 따라, 사회와 구별된 예술이라는 제도institution를 구축하기에 이르렀다. 이러한 종류의 아방가르드는 자율적-미학적 건축의 근거가 된다. 아방가르드의 두 번째 해석은 1984년에 발표된 페터 뷔르거의 이론에 근거한다. 뷔르거에 따르면 포지올리의 아방가르드 해석은 역사에 대한 편협한 이해에서 기인하며, 20세기 아방가르드는 포지올리의 해석과는 근본적으로 다른 면모를 가지고 있다. 뷔르거의 아방가르드는 오히려 첫 번째 부류의 아방가르드가 구축한 제도로서의 예술을 타파하고 예술과 사회의 단절을 극복하는 것을 진정한 과제로 삼았다. 필자는, 피터 아이젠만과 마이클 헤이스의 비판적 건축은 포지올리의 아방가르드 해석과 맥을 같이 하지만, 진정한 비판적 건축은 사회성을 강조한 뷔르거의 해석을 따라야 한다고 주장한다. ¶ 마이클 헤이스 이후 많은 건축학자들 또한 아이

젠만과 헤이스의 자율적 건축의 비판성에 반기를 들었다. 심지어 그들은 건축의 비판성 자체를 반대하며 사회적 건축 혹은 투사적 건축을 역설한다. 하이넨에 의하면 로버트 소몰과 사라 와이팅이 대표적인 인물들이다. 그들은 기존의 비판적 건축이 가지던 아카데미즘적 진지함이나 교조적 자율성을 던져 버리고 좀 더 쿨cool하고 유연하게 사회의 작동원리에 개입해야한다고 주장한다. 파도 위를 타는 서퍼의 이미지로 자신의 건축을 설명했던 렘 콜하스는, 투사적 건축을 주장하는 사람들의 대변자로 인식된다. 그들은 자신들의 건축을 사회와의 관계 안에서 설명했기 때문에 자율성에 기반으로 둔 비판적 건축과 구분하고자 했으며 자신들의 건축을 탈-비판적이라고 주장했다. ¶ 하지만 하이넨의 눈에 그들이 스스로를 탈-비판적이라고 부른 것은 건축의 비판성과 아방가르드의 진정한 의미에 대한 오해와 헤이스와 아이젠만이라는 선대에 대한 '오이디푸스적' (즉 전복적) 욕망이 야기한 결과다. 로버트 소몰과 사라 와이팅이 주장한 투사적 건축은, 사실 뷔르거가 주장한 사회적 아방가르드의 한 부분이며, 따라서 하이넨은 그들의 탈-비판적 건축을 통해서도 여전히 건축의 사회적 역할을 중요하게 생각하는 비판성은 유효하다고 주장한다. ¶ 그렇다면 건축의 사회성을 어떻게 이해할 것인가? 뷔르거의 아방가르드 해석에 따르면 건축의 사회성이란, 사회의 기존 논리나 문화를 그대로 재현하거나 강화하는 것이 아니라 비판적으로 개입하여 새로운 것으로 변화시키는 것을 말한다. 하이넨은 그러한 개입을 통해 변화된 현실 혹은 새로이 쟁취된 현실을 유토피아 개

게 진행됨 가장 중요한 가치이다. 므다이딩은 흥쾌 빠지겠기 때문에 다시 부를 사기하여야 한다. 또한 그녀는 므다이딩이 아직이 해결하지 못했
나 늘 물을 실패시킨 그 가지의 사회적 양상을 지적하는데, 첫째는 지
자성이며 수 세계적이다. 므다이딩은 독자적인, 친척적 이상
그리고 정치경제적 사이의 단절을 통해 시지자이의 부진 정황을
이 있으며, 상실한 동안 므다이딩이 들을, 악행, '몸을, 중간 표현이 다양한 중
들에서 지속적으로 나타난다고 지적한다. 이 두 가지 문제에 므다이딩
을 지나 문제에까지 진행해서 시선 진단에 아직이 해결되지 못한 채
있으며, 많지만 사회적 진보가 진국의 질서이 행해지고 불 통일한 수
의 그리고 계에에서 조치 않은 배인의 진자지상의 공연성을 발견할
다. 무한 상상력과 창의력하는 아성들이 여성이 진심 실행정에서 배
양지 영예에 머물러 있는 차별을 정당화 지적한다. 이렇을 해결하지 못
한 사회지 곰제지 해결하고자하는 시지자에 결론을 영심이 마로 부
르디어에 대한 풍의이고자 주장한다. 마지막으로 그녀는 새로게 부활
된 협대적 유로피아를, 고가지식인 단결하고 질 수립된 개념이 아니다,
다원적이고 의식성이 중요시되는 것을 다르며, 몸-기호이에 역사적 국
면에 의지를 수반하지 않고, 더 나은 세상을 수정하기 위해 피료적인 복
확한 용합정성 미음의 표지되는을 통해 수립되는 것 정치적인 것이지
고 주장한다. 예 행러 하이닝은 이상이 평가는 사회지 대체를 비판적
장에서 유토피아 개념은 근정인이 부유를 시정에서 있지 우리에게

희망을 던져주는 것 같다. 하지만 그녀의 주장에는 몇 가지 근본적인 문제가 발견된다. 우선 유토피아 개념을 식민지주의와 성차별의 문제로 직접 연결함으로써, 현대사회의 쟁점을 지나치게 협소하고 심지어는 시대착오적인 주제로 축소해 버렸다. 식민지주의 논쟁은 일부 학파의 지속적인 주장에도 불구하고 현대가 명백히 자본주의 사회라는 점에서 시대착오적이다. 수많은 학자들이 지적하고 있듯, 현대 자본주의 사회는 과거 식민주의 혹은 제국주의 사회에 비해 훨씬 고도의 내재성을 지닌 사회이며, 제국주의와는 사회 메커니즘이 완전히 다르다. 과연 그녀가 식민지주의 사고틀로 현대 자본주의의 내재성을 얼마나 냉철히 직시할 수 있을지 의문이다. 더구나 그녀는, 사회에 대한 인식을 식민지-피식민지, 착취-피착취의 이분법적 구조로 환원해 버렸다. 이는 현대적 비판성을 주장한 그녀의 취지와는 다르게 근대 제국주의를 이해할 때에만 유효한 경직된 인식구조라고 할 수 있다. 또한 이념ideology 혹은 종교의 모순적 양면성을 발견했으면서도 사회를 착취-피착취의 단순 이분법으로 구분한 근대 마르크스주의의 실수를 그대로 답습하고 있는 것과 같다. ¶ 인정하기 싫든 좋든간에 현대는 고도로 진행된 자본주의 사회이며, 후기구조주의 학자들이 지적한 바와 같이 모순 혹은 차이 그 자체를 내재적 작동원리로 한다. 이러한 내재적 모순구조는 외부가 존재하지 않는다는 점에서 현대인의 벗어날 수 없는 굴레이기도 하다. 또한 근본적으로 일원론에 기반을 둔다는 점에서 이분법 구조로 설명 가능했던 근대의 착취 혹은 계급투쟁이론과는 근본적으로 구

별된다. 오히려 이분법적 투쟁이란 이 모순구조에 대한 하나의 가상이다. 그렇다면 착취-피착취, 식민지-피식민지의 이분법에 기반을 둔 힐데 하이넨의 유토피아 개념 또한, 현대 사회의 내재적 모순구조를 숨기고, 그것을 사회 구성원 사이의 대결구조로 치환함으로써 현대에 대한 이해를 왜곡시켜버리는 하나의 가상은 아닌지 되돌아볼 일이다. 그러한 가상이 지배할 때 역사는 항상 퇴보와 야만을 반복했음을 기억하며 해제를 마무리한다.

원문 출처
Hilde Heynen, "A critical position for architecture," in eds. Jane Rendell et al., *Critical Architecture* (London: Routledge), pp.48-56.

건축이론과 건축 그 자체가 비판적 자세를 취해야 한다는
가정은 최근에 도전받아 왔는데, 특히 미국에서 그러하다.
'건축이 비판적이라는 가정'은 건축가, 이론가, 비평가들에게
가장 적합한 이론적 기틀이며, '비판이론'을 수용하는 것에
기대고 있다. 여전히 이러한 비판적 프로젝트의 타당성을 믿는
데에는 이유가 있다.

1   '비판이론'과 '비판적 건축'

막스 호르크하이머에 따르면, 비판이론은 인문학Humanities의
한 분과인데, 그 동기는 현실과 이성 사이의 긴장이다.[1]
비판이론은 사회 현상을 있는 그대로 받아들이는 것을
거부하며, 반대로 항상 그것의 적합성과 정의에 대해 의문을
제기한다. 즉 '사회는 반드시 현재와 같아야 하나? 아니면 보다
인간적이고 해방된 사회를 상상하고 실현할 가능성이 있는
것은 아닐까?' 라고 질문한다. 프랑크프루트학파(막스 호르크하이머,
테오도르 아도르노, 헤르베르트 마르쿠제)에 의해 구체화 된 비판이론은
주요 동기들로서 그러한 종류의 모든 것에 질문을 제기했다.

---

1   Max Horkheimer, *Traditionelle und Kritische Theorie* (Frankfurt
am Main: Fischer, 1970).

비판이론의 이러한 전통은 이후의 다른 사상들의 발전에
이바지했는데, 그 사상들은 후기구조주의, 페미니즘, 그리고
탈식민지주의 이론들이다.[2] 후기구조주의의 가장 중요하고
비판적인 기여는 모든 형태의 근본주의에 비판을 제기하기
위해 노력한 것이다. 후기구조주의 사고에 따르면 우리는,
자신이 어떠한 문제의 본질을 알고 있기 때문에 진리를
소유하고 있다고 주장하는 모든 분파들을 의심해야 한다.
설사 그가 알고 있다는 본질이 미, 정의, 폭력, 또는 건축
그 어느 것이든지 말이다. 예를 들어 해체주의 사고는 건축의
본질에 관련된 전통으로부터 전례된 모든 인식들을 비판해왔다.
페미니스트 이론들은 사회와 문화의 구성으로서 젠더[3]에
의문을 제기하고 남성 혹은 여성이라는 '자연적 특질'의
이름으로 효력을 발휘하고 있는 억압을 비판하기 위해
비판이론을 이용해왔다. 탈식민지주의 이론은 식민지주의와
제국주의자들의 담론을 비판해왔는데, 그들이 유럽문화의
우월성을 주장하기 위해 납득할 수 없는 일련의 가정들을

---

2   Iain Borden and Jane Rendell, "From Chamber to Transformer:
Epistemological Challenges and Tendencies in the Intersection of
Architectural Histories and Critical Theories," *InterSections:
Architectural Histories and Critical Theories*, eds. Iain Borden and
Jane Rendell (London: Routledge, 2000), pp.3-23.

3   [옮긴이] 성의 사회문화적 개념.

어떻게 구체화시켜왔는지, 그리고 그것들을 진보와 도덕이라는
가치를 통해 정당화해 왔는지를 보여주었다.

건축이론에 대한 이러한 이론들의 기여는, 가장 가치 있는
건축이 비판적이어야 한다는 기대로 이어졌다. 즉, 건축 작업은
비판적 방법으로 사회적 조건과 관계 맺어야 한다는 것이다.
필자의 책 『건축과 현대성Architecture and Modernity: a Critique』(1999)은
그러한 방식으로 읽힐 수 있다. 이 책은 어떠한 주장을
구축하는데, 건축 작업은 프로그램, 대지, 재료, 역사와 사회적
맥락에 대한 모방적 관계를 통해 그것이 속한 사회적 조건에
비판적으로 반영되어야 한다는 것이다.[4] 이러한 비판적 반영은
건축이 자율성을 획득했기 때문에 가능하다. 건축은 기술,
기능, 경제적 요구 등 외부 영향들에 의해 전적으로 결정되는
것이 아니다. 건축이 자율성을 획득한 순간에 대한 지각이
비판적 건축에 대해서 참으로 필요조건이긴 하지만, 충분조건인
것은 아니다. 건축의 모든 구축환경 중 사회적 관심 역시
중요하다. 사회 현실에 대한 비판적 처리는 그렇기 때문에
반드시 다양한 층위에서 동시에 작동하며, 단지 하나의 물리적
건물이 가진 측면들로 축소될 수는 없다. '누가 누구를 위해
건설했나? 공적 영역에는 어떤 충격이 있나? 이 개발을 통해

---

4   Hilde Heynen, *Architecture and Modernity: a Critique*
(Cambridge, MA: MIT Press, 1999).

건축의 비판적 위치?   161

누가 이익을 얻게 되는가?' 등의 질문들은 비판이론과의 연결 안에서 매우 적합한 것들이고 앞으로도 그럴 것이다. 이러한 질문들은 디자인 분야에도 모방적으로 적용될 수 있지만, 비판적인 열망에 더 무게를 두어야 한다.

이러한 이론적 틀 안에서, 비판적 건축 사상이 구체화된 것으로 모더니즘 건축 전반을 바라보는 것이 타당하다. 실제로 많은 모더니즘 건축가들은 기존 사회 상황과 그것이 건조 환경에서 얼마나 정체되었는지를 맹렬하게 비판하며 시작했다. 그들은 자신의 건축적 제안, 특히 그중 주택에 대한 제안을 새로운 삶의 방식을 수용하는 것으로 보았는데, 그것은 당시 현상이 야기한 착취와 불공정에 대안을 제공하는 것이다. 따라서 근대 건축은 사회적 프로젝트와 등가인데, 기존 사회에 대한 비판적 자세를 바탕으로 유토피아적 색채를 가지고 있다. 그 새로운 건축(근대 건축)은 발터 벤야민이나 카렐 타이게Karel Teige같은 비평가에 의해 개방성과 투명성이 지배하는 다가올 미래 사회에 대한 예시로 이해되었다.[5] 내부 공간 구성물이 거의 없는 근대 건축, 즉 그것의 열린 평면과 합리적인 주방은

---

5   Hilde Heynen, "Modernity and Domesticity: Tensions and Contradictions," *Negotiating Domesticity: Spatial Productions of Gender in Modern Architecture*, eds. Hilde Heynen and Gülsüm Baydar (London: Routledge, 2005), pp.1-29 참고.

사람들에게 사회정신이 물질적인 것보다 중요하다고 가르쳤을 것이다. 그것들은 여성들을 과중한 가사노동에서 해방시키고 훨씬 유동적이고 유연한 삶을 완벽하게 수용하는 방법으로 역할을 했을 것이다. 이러한 논리를 추구한 가장 진보적인 사람은 러시아 구성주의 건축가들이지만,[6] 대부분의 다른 좌익 건축가들 또한 확실히 여기에 포함될 것이다. 그들 모두는 건축 패턴과 사회 현실 사이에 명확한 관계가 있다는 것을 확신했으며 그들의 작업이 더 정의롭고 나은 세상에 기여하는 것을 상상했다.

사회 현실을 개선하고자 노력하는 것이 비판적 건축의 유일한 개념은 아니다.[7] 미국에서 영향력이 지대한 마이클 헤이스는 다소 다른 인식을 가지고 작업한다. 1984년 그의 논문인 「비판적 건축: 문화와 형태 사이」는 미스 반 데어 로에의 작품을 논하는데, 건축의 비판성을 건축의 자율적 순간보다는 건축의 자율성 그 자체에 둔다.

---

6   Victor Büchli, "Revolution and the Restructuring of the Material World," *An Archaeology of Socialism* (London: Berg: 1999), pp.23-40 참고.

7   내가 구분한 마이클 헤이스와 나의 견해 차이가 라인홀드 마틴의 '정치적'과 '미학적' 비판의 차이와 유사하다는 것을 인정한다. Reinhold Martin, "Critical of What? Toward a Utopian Realism," *Harvard Design Magazine* no.22 (Spring/Summer 2005), pp.104-109. 참고.

건축의 비판적 위치?

건축에 영향을 주는 힘들로부터 건축을 구분하는 것이
미스의 목표가 되었다. 여기에서 건축에 영향을 주는
조건들은 시장, 취향, 작가 개인의 포부, 기술적 기원,
심지어는 전통에 의해 규정된 목적에 의해 형성된다.
이러한 목표를 성취하기 위해, 미스는 그의 건축을
생각들이 들끓는 커다란 덩어리인 문화culture와 주위
환경에서 자유롭다고 가정된 형식form의 경계에
위치시켰다.[8]

헤이스에게 미스 작업의 비판적 특질을 묘사하는 단어들은
저항, 반대, 침묵, 단절, 차이, 치환과 저자성이다. 주목할
만하게도, 미스 건축의 사회적 차원은 그것의 비판적 성격을
확립하는 데 결정적인 요소가 아니다. 따라서 나는, '헤이스가
미스의 건축을 비판적이라고 부를 수 있는가?'라는 아주
중요한 질문을 미뤄둔 채로, 그 자신이 비판이론의 가장 중요한
측면으로부터 거리를 두고 있다고 주장하려 한다. 여기에서
비판이론의 가장 중요한 측면이란, 사회 현실과의 관계에 대한
견해로부터 사실과 담론을 평가하겠다는 주장이다. 이를 통해
헤이스는 자유롭게 부유하고 완전히 단절되어 있으며 완벽한

---

8   K. Michael Hays, "Critical Architecture: Between Form
and Culture," *Perspecta* 21 (Cambridge: MIT Press, 1984), pp.1529.

지적 담론과 실무로서의 비판적 건축에 대한 근거를 마련하고
있다. 그러한 비판적 건축은 피터 아이젠만의 작업과 같은
부류이며, 비판이론 창시자들의 작업을 고무했던 의도에서
완전히 분리된 듯 보인다.

2 두 개의 아방가르드

건축에서의 비판성에 대한 두 가지의 이해(하나는 사회적이고 다른
하나는 미학적으로 고무된)는 아방가르드에 대한 이해에서의 유사한
불일치를 떠올리게 한다. 또한 이 논쟁에는 아방가르드가
무엇인지를 사고하는 두 가지 다른 방식이 있다. 첫 번째
영웅적인 아방가르드는 문자 그대로 '전위'라는 의미에
기초하는데, 행진하는 군대의 최전선과 미지의 영역을 탐지하는
정찰병을 의미한다. 따라서 그러한 아방가르드는 진보정치와
예술운동을 의미하며 스스로를 시대의 가장 앞에 서 있다고
생각한다. 아방가르드에 대한 이러한 인식은 마테이 칼리네스쿠

---

9   Renato Poggioli, *The Theory of the Avant-Garde* (London:
Harvard University Press, 1982. translated from Teoria dell'arte
d'avanguardia, 1962); Matei Calinescu, "The Idea of the Avant-
Garde," *Five Faces of Modernity: Modernism, Avant-Garde,
Decadence, Kitsch, Postmodernism*, ed. Matei Calinescu (Durham:
Duke University Press, 1987), pp.93-148.

건축의 비판적 위치?

Matei Calinescu 혹은 레나토 포지올리 같은 작가들의 작업에서 매우 뚜렷하다.[9] 그들은 아방가르드를 모더니즘의 가장 급진적인 부분인 '창끝'으로 이해한다. 그러나 더욱 최근에는 그에 필적하는 다른 견해가 있는데, '위반'이라는 측면을 강조한다. 이 견해는 페터 뷔르거에 의해 이론화 되었다. 그에 따르면, 아방가르드 운동은 20세기 전반기에는 순수 미학적 이슈에 크게 집중하지 않았다. 대신 제도로서 예술의 독자성을 폐지하고자 노력했다.[10] 그들의 목적은 일상생활과 괴리된 예술, 사회 시스템에 어떠한 영향도 주지 않는 독립적인 영역으로서의 예술을 폐지하는 것이었다. 미래주의, 다다이즘, 구조주의, 초현실주의 같은 운동들은 '예술을 삶 속으로!'라는 원칙에 따라 행동했고 예술적 행위와 일상생활을 분리하는 전통적 경계에 반대했다.

안드레아스 후이센Andeas Huyssen은 아방가르드와 모더니스트를 구분하기 위해 그러한 방식으로 아방가르드를 이해했다. 그에게 아방가르드는 모더니즘의 가장 급진적인 창끝이 아니라 모더니즘에 대한 대안이다. 모더니즘이 예술의 자율성을 주장하고 대중문화에 반대하여 스스로를 일상

---

10 Peter Bürger, *Theory of the Avant-Garde* (Minneapolis: University of Minnesota Press, 1984. tran. Peter Bürger, *Theorie der Avant-Garde,* 1974).

문화로부터 분리한 반면, 역사적 아방가르드는 고급예술과 대중문화 사이의 대안적인 관계를 발전시키고자 노력했고 따라서 모더니즘과는 구분되어야 했다.[11] 헤이스와 아이젠만이 지지하는 비판적 건축에 대한 미국식 인식이 엘리트적 외견의 모더니스트와 가깝다면, 필자가 지지하는 유럽식 이해는 예술과 일상의 분리를 철폐하는 아방가르드 개념과 더 가깝다고 말할 수 있을 것이다.

3   탈비판적 상태?

그러나, 건축이 비판적일 수 있고 그래야 한다는 기본 생각은 최근 공격 받고 있다. 예를 들어 로버트 소몰과 사라 와이팅은 비판적 건축의 시대는 끝났다고 이야기한다. 그리고 그 자리는 '투사적 건축'Projective architecture에게 돌아가야 한다고 이야기한다.[12] 그들은 비판적 건축을 마이클 헤이스와 피터 아이젠만이 주장한 방식으로 이해한다. 비판적 건축에 대한 그들의 생각은 명백하게 미국적 색채를 선호하며, 재현과 자율성이라는 개념에 기초해서 지시적indexical과 변증법적dialectical

11   Andreas Huyssen, *After the Great Divide: Modernism, Mass Culture, Postmodernism* (Bloomington: Indiana University Press, 1986).

이라 성격 짓는다. 반면, '투사적 건축'은 다이어그램적이고 '광범위한 상호작용'에 기초하며, '매끈한 작동'을 목표하고, 다중적 관계를 고민하는데, 경제, 생태, 사회그룹들의 다양성을 지각한다.

조지 베어드가 주목한 것처럼, 렘 콜하스는 이러한 '탈비판적' 건축에 대한 명백한 참조 역할을 하는 듯 보인다. 베어드는 1994년에 이미 "건축이 비판적일 수 없는 매우 뿌리 깊은 동기가 있다"라고 주장한 렘 콜하스를 인용한다.[13] 그리고 콜하스가 건축가의 성격을 사회 속 힘들의 파도를 타는 서퍼라고 규정한 것은 매우 유명한데, 이 또한 탈비판적 주장을 지지하는 듯 보인다. 그럼에도 불구하고 베어드가 지적한 것처럼 콜하스를 탈비판적 부류로 의구심 없이 편입시켜버리는 데는 약간의 문제가 있다. 그리고 『정신착란증의 뉴욕Delirious New York』(1978)에서 초현실주의자들이 이용한 '편집증적 비판' 방법을 옹호한 콜하스는 또한 여러 상황들에 비판적으로 개입해 왔음이 알려져 왔다. 베어드는 콜하스가 맨하튼 42번가의

---

12   Robert Somol and Sarah Whiting, "Notes Around the Doppler Effect and Other Moods of Modernism," *Mining Autonomy, Perspecta* 33 (Cambridge: MIT Press, 2002), pp.72-77.

13   George Baird, "'Criticality' and its Discontents," *Harvard Design Magazine* no.21 (Fall 2004/Winter 2005), pp.16-21.

디즈니화의 개입에 대해 앙드레 듀아니를 얼마나 비난했는지, 중국 정부의 베이징 역사 지역의 파괴를 비난해 왔는지를 언급한다. 더구나 제부르게 항만터미널Sea Center Zeebrugge 같은 OMA의 여러 프로젝트는 사회와 도시 맥락과 비판적으로 상호작용한다고 분석될 수 있다.[14] 이는 적어도 콜하스를 탈비판적 실무의 주창자라고 찬양하는 데 문제가 있다는 것을 의미한다.

어쨌든 건축이 탈-비판 단계에 진입했다고 주장하는 것은 유럽에서는 훨씬 드문 일이다. 예를 들어, 2003년 4월 네스카Nethca에 의해 브뤼셀에서 개최된 학회는 심지어 제목을 '비판적 도구'로 붙였다.[15] 그 학회 화자들은 대부분 프랑스, 벨기에, 영국에서 왔는데, 비판적 프로젝트가 건축에서 가장 중요하다는 데 동의했다. 물론, 비판적 프로젝트라는 것의 정확한 의미와 암시에 대해서는 다소 불일치가 있었더라도 말이다. 중요한 화자 중 오직 알래한드로 자에로폴로Alejandro Zaera-Polo만이 북미의 탈비판적 건축을 강의했다.

또 다른 반례는 네덜란드 건축협회 출판부NAi Publishers에서

---

14   Hilde Heynen, "A Tower of Babel," *Architecture and Modernity: a Critique*, ed. Hilde Heynen, pp.209-218.

15   users.swing.be/nethca/index2.htm (accessed November 2004). 참고.

건축의 비판적 위치?

최근 출판된 「새로운 참여New Commitment」에서 발견할 수 있다.[16]
그들의 웹사이트에 따르면,

> 네덜란드 건축협회 출판부는 건축, 도시계획, 시각예술,
> 사진과 디자인에서 사회 이슈에 대한 논의 수준이 증가해
> 왔음을 주목했다. 건축가, 예술가, 디자이너들은 그들의
> 작업과 사회적 활동의 적법성을 추구한다. 전문 저널들은
> 전문가가 작업을 어떻게 수행하는지에 대해 고민하고
> 반성할 것을 요구하고 있다. 다른 말로 디자인과 시각적
> 기율에 의한 사회 현안에 대한 새로운 형태의 개입이
> 논의되고 있다.[17]

따라서 네덜란드 건축협회 출판부는 명확히 건축의 비판적
가능성에 대해 새로워진 관심에 주목한다. 잡지 『32비앤와이
32BNY』 또한 그러한다. 이 잡지는 오늘날 건축의 넓어진 범위에
대한 진보적 기반을 창조하기 위해 디자인, 이론, 도시와
예술의 영역에 관심을 기울이며, 최근에는 '참여Commitment'라는
주제로 출판했다.[18]

그러나 소몰과 와이팅이 옹호하는 '투사적 건축'과 '(사회적)

---

16   Hans Aarsman et al., *Reflect 01: New Commitment in
Architecture, Art and Design* (Rotterdam: NAi Publishers, 2003).

17   www.naipublishers.nl/art/reflect01_e.html,accessed 15 August,
2006.

전념'으로의 회귀는 서로 배타적이지는 않은 것 같다. 예를 들어 소몰과 와이팅의 주장을 자세히 들여다보면, 그들이 건축의 사회적 차원을 포기하지는 않았다는 것을 알 수 있다. 그들은 사실 건축과 사회 맥락과의 관계를 매우 중요하게 생각한다. 그들의 전략은 '비판적 건축'의 전체 개념에 대한 잘못된 표현이라고 정리될 수 있다. 비판적 건축의 지엽적 측면에 집중하여 다른 부분을 외면함으로써, '투사적 건축'이라는 새로운 종류의 건축을 옹호하는데, 그것은 많은 부분 단지 오래된 '비판적 건축'의 새로운 변용일 뿐이다. 또한 그들의 전체 전략 안에서 하나의 전형적인 동기를 볼 수 있는데, 자신들의 적법한 위치를 확립하기 위해 선대(헤이스와 아이젠만)를 밟고 올라가야 하는 젊은 비평가 세대의 분출이다. 라인홀드 마틴이 지적하듯이 "탈비판적 프로젝트는 참으로 오이디푸스적이다."[19]

영웅적 아방가르드와 위반적 아방가르드의 구별에 대해 다시 말하면, 탈비판주의에 대한 요구는 전자를 따른다고 주장할 수 있다. 이러한 견해를 추동하는 것은 새로움에 대한 추구, 예술가와 건축가는 항상 새로운 영역을 탐색해야 한다는

---

18 www.32bny.org (accessed 15 August 2006) 참고.

19 Reinhold Martin, *op. cit.,* p.105.

건축의 비판적 위치?   171

생각, 가치 있는 건축은 실험적이고 첨단적이어야 한다는
생각이다. 탈비판적 자세는 새로운 것을 대체하기 위해 더
새로운 것이 필요하다는 일련의 운동들의 다음 단계로 보일 수
있다. 반대로 비판적 건축의 지속에 대한 요구는, 대신 위반적
아방가르드와 일치할 수도 있다. 이 경우 기존 사회 조건에
대해 비판하려는 욕구는 고급 문화와 일상 현실 사이의 구분을
극복하고자 하는 바람과 같은 것으로 생각될 수 있다. 이러한
자세를 추동하는 힘은 사회 현실이 억압적이고 불공정해왔다는
현실에 대한 분개와 이러한 상황이 유지되는 한 비판에 대한
필요성이 긴급하다는 확신이다.

4   식민지주의와 성차별

후기모더니즘과 이후의 사상들은 사회적이고 비판적인
의미에서 모더니즘만큼의 성공을 거두지는 못했다. 그것이
우리가 모더니즘으로 되돌아가야 하는 이유이며, 오늘날
우리의 위치가 어디인지 자문해 봐야 하는 이유다. 모더니즘에
대한 비판적 적합성에 대해 질문한다면, 두 가지의 주요
고려사항이 있는 듯하다. 그것들은 식민지주의와 성차별이다.

식민지주의에 대해 이야기하면, 한편으로는 모더니즘
운동의 보편주의와 진보적 이상, 다른 한편으로 정치 실무로서

식민지주의를 적법하게 만든 식민지 담론이 직접적인 연관
관계가 있다는 것을 부정하기 힘들다. 탈식민지주의적 관점에
따르면, 식민지주의자의 프로젝트에 대해서 더욱 조사하고
비판해야 한다. 모더니스트들의 성차별에 대한 경향도
마찬가지인데 성차별은 담론, 실무, 공간 표현의 층위에서
발견될 수 있다.[20]

　　만약 식민지주의와 성차별이 20세기에 가장 두드러진
비판적 건축인 모더니즘에 내재적인 것이라면, 그것이
현재 건축문화에 미친 영향을 고민해 봐야 한다. 우리가 그러한
이슈들을 극복했다고 이야기할 수 있을까? 현재 건축문화는
그러한 측면에서 비난으로부터 자유로운가? 나는 그렇게
생각하지 않는다.

　　그에 대한 증거를 찾는 것은 쉽다. 예를 들어 라고스에
대한 콜하스의 글을 보라.[21] 그는 라고스를 스스로 조직화하고,
건축가와 계획가의 경직성을 도시의 삶 현실로서 극복할 수
있는 미래도시의 상징이라고 추켜세운다. 그러한 미래도시는
관습적인 계획에 의한 기대와 규칙에 상관없이 매우 높은
수준의 성능을 획득하는 데 성공한다. 그의 관점이 얼마나

20　Heynen, "Modernity and Domesticity: Tensions and
Contradictions," *Negotiating Domesticity* (London: Routledge, 2005).

흥미로운지는 차치하고, 그것은 여전히 외부인의 시각이다. 그 외부인이란 부유한 백인인데, 뜬금없이 라고스에 도착해 몇 주 동안 매우 안전한 차 안에서 도시 여기저기를 둘러보고 토착인들은 거의 만나지도 않고 그 땅은 거의 밟아보지도 않은 채, 그곳이 모두 훌륭하고 환상적이라고 선언한다. 요로고스 시메오포리디스Yorgos Simeoforidis와 함께, 이러한 태도에 대해 우리는 기꺼이 인종적 질문을 재기해 보는 것이 좋다.

우리 서양의 편의시설을 소유하지도 않은 라고스의 사람들에게, 그곳에 거주하지도 출근하지도 않는 우리는 무엇을 이야기할 수 있을까? 거대도시에서는 모든 것이 부유floating하기 때문에 아름답다고 말할까? 라고스는 작동하고 있는 도시이기 때문에 문제없다고 말할까? 라고스 같은 상태가 세상의 모든 큰 도시들의 임박한 미래라고 말할까? 따라서 어떤 것도 따로 할 일이 없다고 말할까?[22]

성차별 질문에 대해, 건축계에서 여성에 대한 지속된 성차별은 잘 기록되어 있다. 여성이 학생수의 큰 부분을 차지하고 있음에도 불구하고, 그들은 직장 안에서 보수가 낮고

---

21   Rem Koolhaas, "Fragments of a Lecture on Lagos," *Under Siege: Four African Cities – Freetown, Johannesburg, Kinshasha, Lagos*, eds. Okwui Enwezor et al. (Ostfildern-Ruit: Hatje Cantz, 2002).

제대로 대변되지 못하는 소수자의 위치에 남아있다. 여성 건축가가 스타덤에 오르는 일은 매우 드물며, 대체로 덜 부각되는 일을 도와주는 사무실의 배경 역할에 머물고 만다. 베를라허 학교가 최근 명성 있는 건축가들에게 건축의 현 상황에 대해 설문했는데, 대답한 인원 중 남자가 95명 여자가 17명이었다. 이는 현재 건축분야에서의 성 관계를 잘 표현한다.[23]

나에게, 식민지주의와 성차별의 비판적 이슈를 제기하는 것은 유토피아를 지탱하는 이슈들과 관련된다. 모더니즘과 그 이후 식민지주의와 성차별에 대해 반박하는 데 실패한 경향을 비판하는 것은, 오직 다른 조건이 가능하다고 가정할 수 있을 때만 가능하다. 즉, 식민지와 성차별 없는 사회 현실을 실현하고자 하는 유토피아적 바람이 근본적으로 오류가 아니며, 궁극적으로 불가능하지 않다고 가정할 때만이 가능하다.

---

22   Stefano Boeri and Yorgos Simeoforidis, "Why Research? (Answer to Yorgos)," *Hunch* 6/7 (The Berlage Institute Report, Summer 2003), ed. Jennifer Sigler, pp.99–104, n.104.

23   "109 Provisional Attempts to Address Six Simple and Hard Questions About What Architects Do Today and Where Their Profession Might Go Tomorrow," special issue of *Hunch* 6/7, ed. Jennifer Sigler (2003).

5 유토피아의 문제

건축에서 유토피아적 사고의 역할이 재고되는 것은 내게
매우 중요하다. 앞에서 언급한 것처럼 우리는 유토피아적
사고가 모더니즘 운동의 가장 중요한 유산이라는 것을
인식해야 한다. 왜냐하면 유토피아적 사고는 현재 상태를
비판하는 역량과 더 나은 세상을 상상하고 건설하고자 하는
결단의 용기를 담지하기 때문이다.[24] 일정 기간에는 모더니즘과
함께, 유토피아적 사고가 역사의 쓰레기통으로 간주되기도
헸던 것 같다. 그러나 현재 몇몇 경향들이 그 반대로 향하고
있는 것을 바라보는 것은 즐거운 일이다.

예를 들어 자하 하디드와 패트릭 슈마허의 작품 전시회는
〈잠재된 유토피아〉라고 제목을 붙였었다. 그리고 그것의
홍보물은 '모든 시대는 자신의 유토피아가 필요하다.
자기 미래의 발전을 사고하지 않는 사회는 흥미롭게도 매우
불안정하고 심지어는 괴물 같다.'라고 했다. 오큐이 엔웨저
Okwui Enwezor가 『도큐멘타Documenta』 11호를 조직한 방식은 확실히
어떤 유토피아적 바람을 증언한다. 그의 개념은 범 학제간
비판적 방법론의 사고에 기초하고 있는데, 예술가와 지식인들의

---

24 Hilde Heynen, "Coda: Engaging Modernism," *Back from Utopia:
the Challenge of the Modern Movement*, eds. Hubert-Jan Henket
and Hilde Heynen (Rotterdam: 010 Publishers, 2002), pp.378-399.

비판적 모델과 사고가 표현되고 토론될 수 있는 전 세계의
공적 영역에 적합하다. 이러한 노력의 일환으로 출판된 것 중
하나는, 「포위 아래: 아프리카의 4개의 도시」인데, '새롭게
형성되는 도시의 정체성을 표현하는 새로운 표식과 코드'를
발견하기 위해 '식민지주의 이후 도시들의 다형적이고
외형적으로 혼돈스러운 논리'를 탐구한다.[25] 그렇게 함으로써
저자들은 기존 혼돈 속에 숨겨진 변형의 역량을 찾는다.

내가 '투사적 건축'과 관련된 전체 논의에서 보는 것은
그러한 의미다. 그것을 '탈비판적'이라고 명명하기보다는,
그것의 변형적 역량을 강조하려는 것이다. 만약 당신이
'투사적'이란 개념을 '프로젝트를 구체화하는 것'이라고
이해한다면 그것은 비판적이고 심지어는 유토피아적인 차원을
포함하는 것이다. 오늘날 유토피아는 미래 사회에 대한
단일하고 잘 규정되며 단도직입적인 개념일 수 없다.
유토피아는 불가피하게 역설과 모순에 의지한다. 그리고 우리는
현재를 무엇이든 더 나은 미래로 변형시키기 위해 역설과
모순을 가지고 작업할 수밖에 없다.

이러한 시도는 편집자들(아미 빙가만Amy Bingaman, 리즈 샌더스Lise

---

25   The publisher's website: www.hatjecantz.de/controller.php?cmd
=detailandtitzif=00009090 (accessed November 2004). 참고.

Sanders, 레베카 조라치Rebecca Zorach)의 최근 책이 사용한 '구체화된
유토피아'라는 용어와 일치한다.[26] 그들에게 이 용어는 현재의
제한적이고 차별적인 공간에 대한 대안을 상상하는 행위와
모든 물질성에서 그것을 실현하는 것을 지시한다. 그것은
진행되고 있는 사회의 변화를 지시하는데, 더 나은 세상을
수용하는 파편적인 변화와 불완전하고 미완의 프로젝트를 통해
작업하고자 하는 노력이다.

---

26 *Embodied Utopias: Gender, Social Change and the Modern
Metropolis*, eds. Amy Bingaman, Lise Sanders, and Rebecca Zorach
(London: Routledge, 2002).

지은이 힐데 하이넨Hilde Heynen

벨기에의 건축 역사가이자 교수. 그는 루벤 카톨릭대학교의 건축 이론 교수이다. 건축에서 모더니즘과 모더니티, 젠더에 중점을 두고 연구하고 있다.

옮긴이 박성용

금오공과대학교 건축학부 부교수로 재직 중이며,『건축평단』 편집위원과『와이드AR』의 비평위원으로 활동 중이다.

할
포스터

들-미끼?

소개하는 글

「탈-비판?」
할 포스터

조순익

소개하는 글

미국의 미술비평가 할 포스터Hal Foster는 『옥토버October』 2012년 가을
호에 이 글을 발표했고, 2015년에는 『불길한 새 시절들Bad New Days』이라
는 책의 마지막에 이 글을 수정·보완한 글 한 편을 덧붙여 장식해 놓았다.
포스터는 이 글에서 비판이 시대착오적으로 인식되기에 이른 탈-비판
적 상황이 어떤 양상의 문제들로부터 발원한 것인지를, 비판이론과 비평
의 비판적 욕구의 소실에 대응하는 각종 항목들 — 후기, 탈, 파라 등등 —
의 범람을 통해, 비판의 애통이 아니라 진단하고 있다. 진중한
탈-비판적 관점 의 진열이고 담담한 사상적인 자세에서 발언되고 있는
이 논증은, 모든 유형의 탈-비판주의를 자사의 전통적인 범주들 바깥으
로 몬다. 모두가 알고 있듯이 비판에 가해지는 가장 큰 비판 중 하나는
'아이, 모든 것을 또 다시 부정하면서 인정하지 않는다'라는 것인데, 이
를 요약하자면 '비판은 이제 지겹다'로 표현된다. 포스터의 시론은 이 점
에 주의를 두고 분석한다. 비판가가 지정한 주요 대상을 지시하는 것이
아니라, 비판 이후에 부상한 상황의 대안적 제시진에 대한 비판의 미학이
어떤 것이 되어야만 하는 것인지를 탐색한 걸음이다, 곧 '비판은 계속된
다', '일반 지성general intellect에 대한 신뢰'는 마르크스가 기계들에 물어
넣은 바 그것이 고유의 극단에 대하여 품는 믿음의 지출에 공헌할 뿐이
며, '비판적 힘'은 그로부터 해방된 개체의 탈대치진인 바이다', '채색 비판'과,
'주제 비판'이 최근 부상하여 집중력의 성공적인 기운하기도 있다. 하
지만 비판은 고정된 것만을 가장 적합한 대상에 대한 비판이
라 작동되도록 보장할 것은 아니다. 그것은 비판하는 그들이 예비되지
는 곳이다. 비판비평은 없어지지 않는다고 지정한다. 아동이 떼리 꽃

로터다이크Peter Sloterdijk가 비판한 개념으로 알려진 '냉소적 이성'도 페티시즘의 문제로 접근하면서, 이것도 반페티시즘적 비판을 받을 수 있다고 말한다. ¶ 요컨대 비판과 탈비판을 다루는 이 글에서 가장 중심이 되는 주제는 '페티시즘'과 '반페티시즘'이다. 페티시즘은 결핍을 채우려는 욕망이 만든 상상적 물신에 대한 미신이고, 여기서 물신적 대상은 유사-주체의 위치를 차지하면서 주체와 대상의 위상을 전도시킨다. 이러한 상상적 도착perversion의 관계는 인간이 사물과 이미지 또는 어떤 학문적 기율이나 논리, 이데올로기 등에 힘을 부여하며 스스로 거기에 종속되는 모순의 산물이지만, 동시에 그 모순을 덮어씌우는 맹목적인 믿음의 체계라고 할 수 있다. 그린 부정적 모순의 실재를 드러내는 게 반페티시즘적 비판이라면, 그런 비판을 부정하는 탈비판이나 메타비판은 모순을 봉합하려는 페티시즘일 수밖에 없다. 라투르와 랑시에르의 메타비판이 비평가를 페티시스트로 비판할 때, 메타비평가인 그들 역시 페티시스트가 되는 모순에 빠진다. 그렇게 자기모순에 빠진 두 철학자의 페티시즘을 지적하는 게 이 글에서 가장 어렵지만 흥미로운 부분일 것이다. ¶ 페티시즘이 주체와 대상의 위상을 뒤집어 거리를 만드는 도착적인 '신비감 만들기'라면, 반페티시즘이 추구하는 '신비감 깨기'는 주체와 대상 간의 거리를 허물어 아우라의 해체를 시도하는 것이다. 하지만 이런 '거리의 소멸'이 과학적이고 실증적인 진리처럼 신비화될수록 또 하나의 페티시가 되어 반페티시스트를 모순에 빠뜨리게 된다. 벤야민이 "비판은 정확한 거리 두기의 문제"라면서 "이

제는 모든 게 너무 긴박하게 인간 사회를 떠밀며 밀착하고 있다"고 말한 것은 반페티시즘적인 계몽적 근대화 속에서 거리 축소와 아우라 해체가 급속해지는 시대적 변화를 감지한 것이지만, 그런 변화를 페티시화하려는 말이 아니었다. 비판은 모순이 감지될 때 작동하고, 모순은 합리성이 실패하는 지점인 논리적 '간극'에서 발생하며, 간극은 필연적으로 '거리'를 상정한다. 따라서 비판이론으로 거리의 소멸을 추구하는 반페티시즘은 사실 페티시즘이라는 메타비평가의 비판에는 분명 일리가 있지만, 그 정도의 뒤집기로는 페티시즘과 반페티시즘 간의 거리를 소멸시키는 페티시에서 벗어날 수가 없다. 결국 페티시를 벗어나는 비판은 얼마나 '정확한 거리'를 두느냐에 달려있는 것이다. ¶ 포스터가 2015년에 펴낸 『불길한 새 시절』이라는 책 제목은 '좋았던 옛 시절good old days'이란 말을 반대로 뒤집은 표현이다. '좋았던 옛 시절'이라는 표현이 모순을 소거한 낭만적 향수의 긍정성을 연상시킨다면, '불길한 새 시절'이라는 표현은 현실의 모순을 자각하는 비판적 부정성을 떠올리게 한다. 포스터가 말하는 불길한 새 시절에 대한 자각은 이「탈-비판?」이라는 글의 결론 부분에서 이미 나타나고 있다. ¶

우리의 상황은 1920년대를 여전히 더 놀라운 방식으로 환기시킬 수도 있다. 경제적으로 호황과 불황이 오가고, 정치적으로는 비상사태가 예외적이기보다 정상적인 상태가 되며, 예술적으로는 일부 실천가들이 경제 위기와 정치적 비상사태를 연출(다다)하거나 이런 혼란을 딛고 건설(구성주의)하거나 그 혼

판에서 도망갔던 좋지 설탕 좋지으는 사내 많이다(1920년대에 신
고장주의 전통의 부활은 바진통된 현지인의 경향은 흑중류 등 다니간 전통
의 조각의 숙제된 정통으로 형성하는 경향과 유사할 것이다)."

즉 포스터는 바르치크는 2010년대가 1920년대에 유사한 사실점 많이 있다.
1920년대는 양차대전 사이에 긴 수에 '좋았던 옛 시절'로 회상되지만,
사실 그 재즈 시대의 흥청한 곳 경제대공황의 격렬한 압계 및 꽃 흉흉앞으로
다면없었다. 제다가 1930년대부터는 재2차 세계대전의 운동이 돌아
타기기까지 한다. 그 희·비미 사이의 긴착은 중격적이기까지 한다. '좋
았던 옛 시절'은 사실, '문란한 새 시절'이 은폐된 것이다. 1920년대
의 미공이 양차대전 중요을 듣기 있었을 때, 약탈의 구상주의 바우하우스의 비움한
다음함 예술이가 정신을 열고 있었고 다다는 구상주의, 초현실주의
들 예시로 아방가르드가 거세게 밀물처럼, 경치적 터레이즘이고 전쟁까지는
텔레비스로 나타나고 있었다. 당시 양심 예술이 이러한 다양성은 시대적
풍성의 증가였다. "바우하우스가 예술적이기보다 정치적인 위험가 된다
활동이 증가했다. 그리고 이때 예술이론은 비평가이 과제를 생각하고 있
었다. 예 이렇게 하여 미술과 문학의 양정 예시 가기 소멸이 시대를 반영하는 중
가라고 할 수 있다. 시대 변화에 따라 가기 소멸이 마지 팔림하지 조진
을 영상하는 것처럼 보이자만, 집중으로 때문에 얼수하는 시대향 존재
은 뒤 다르 것같은 뒤 없이 민들어가고 그 속에서 만들고 있는 모든 새
로운 형태로 나타난다. 경지의 변동이 총향에 돌발하는 것 때에 시전이
지만, 후자인 양차대전 이후공은 돌아나라도 긴 시간이 앞이다.

원문 출처/
Hal Foster, "Post-Critical?," *October* 139 (Winter 2012), pp.3-8.

1 탈-비판?[1]

비판이론critical theory은 1980년대와 1990년대의 문화 전쟁 속에서 심각한 외상을 입었고, 2000년대에 그 상처는 더 곪기만 했다. 조지 부시 체제하에서 긍정에 대한 요구는 거의 총체적으로 이뤄졌고, 오늘날에는 대학과 미술관에도 비판 critique을 위한 공간이 거의 남아있지 않다. 보수적인 논자들에게 박해당한 대부분의 학자들은 개입하는 시민 정신을 위해 비판적 사유가 중요하다는 사실을 더 이상 강조하지 않으며, 후원 기업에 의존하는 대부분의 전시기획자들은 한때 아방가르드 예술의 대중적 수용에 필수적이라고 여겨졌던 비판적 토론을 더 이상 장려하지 않는다. 실제로 예술계에서 비평criticism은 철저히 시대에 뒤떨어진 것이 되어 그 어느 때보다 관심을 덜 받는 상황이라는 점이 명백하다. 하지만 그 대안으로 무엇이 제시되고 있는가? 아름다움의 찬미? 정동情動, affect의 긍정? '감각적인 것의 재분배redistribution of the sensible'에 대한 희망? '일반 지성general intellect'에 대한 신뢰? 탈-비판적 조건은 우리를 (역사적, 이론적, 정치적) 구속에서 해방시켜줄 것처럼 간주되지만,

---

1   [옮긴이] 이 글은 『옥토버』 139호(2012년 겨울호), 3-8쪽에 실린 글이다. 할 포스터는 그의 2015년 저서 『불길한 새 시절』에서 이 글의 골자는 유지한 채 세부 내용을 대폭 수정한 글을 '탈-비판? (PostCritical?)'이라는 제목으로 실었다.

대부분의 경우 그것은 다원주의와 거의 무관한 상대주의를 교사해왔다.[2]

어쩌다가 우리는 이토록 비판이 널리 무시되는 지점까지 오게 된 것일까? 그동안 대부분의 힐난은 비평가의 위치와 관련해 발생했다. 처음에는 '판단judgment'에 대한 거부가 있었다. 비판적 평가가 이뤄질 때 당연시되는 도덕적 권리에 대한 거부가 있었던 것이다. 그 다음엔 '권위authority'에 대한 거부, 말하자면 비평가가 타인을 대신해 추상적으로 말할 수 있게 해주는 정치적 특권에 대한 거부가 있었다. 마지막으로는 '거리distance'에 대한 회의기, 즉 비평가가 심사하고자 하는 조건

---

2   이 중 많은 경우는 새로운 게 아니다. 10년 전에 출판된 원탁토의 내용인 "The Present Conditions of Art Criticism," *October* 100 (Spring 2002) 참조. 근본적인 문제는 그때와 달라지지 않았다. 하나의 계급으로서 자신감을 얻은 부르주아지는 한때 비평을 시험해보고자 했었다. 비평은 부르주아지 고유의 이상인 공론장의 상호 교환 과정에서 중심이 된다고 여겨졌지만, 그건 오래 전 일이었다. 여기서 나의 설명은 그런 큰 그림으로 시작하는 만큼, '비판(critique)'과 '비평(criticism)', '비판이론(critical theory)', '비판적 예술(critical art)' 사이의 미끄러짐이 일어난다. 이 글에서 나는 마지막 두 개념에 초점을 맞출 것이다. 마지막으로 건축 논쟁에서 '탈-비판'이란 말은 다른 가치를 갖는다. 건축 논쟁에서 이 말은 피터 아이젠만 같은 건축가들이 행한 건축의 재귀성에 대한 이론적 탐구 이후 이와 선 긋기를 하며 '디자인 지능(design intelligence)'이라는 갱신된 실용주의를 선언하는 용도로 사용된다. 하지만 그 효과는 크게 달라 보이지 않는다.

자체와 문화적으로 분리되는 것에 대한 회의가 있었다. 발터 벤야민은 80여 년 전에 이렇게 썼다. "비판은 정확한 거리 두기의 문제이다. 비판의 본고장은 관점과 전망이 중시되고 여전히 특정한 입장을 취할 수 있는 세계였다. 그런데 이제는 모든 게 너무 긴박하게 인간 사회를 떠밀며 밀착하고 있다."[3] 오늘날 우리는 얼마나 더 긴박하게 떠밀리고 있는가?

하지만 모든 비판이 정확하게 거리를 두는 데 의존하지는 않는다. 그런 의미에서 보면 브레히트식의 낯설게 하기 estrangement는 부정확한 것이며, (다다 이후 현재까지 이어지는) 개입주의 예술 모델에서는 미메시스적 격화mimetic exacerbation와 상징적 변환détournement[4]의 기법을 통해 내재적으로 비판을 생산한다.[5] 다른 오래된 (대부분 좌파에서 오는) 비난들은 결국 두 가지로 양분된다. 하나는 권력 의지가 비판을 주도한다는 것이고, 다른 하나는 비판이 그 고유의 진리 주장을 자율적으로 펼치지 못한다는 것이다. 이 두 가지 비난은 다음과 같은 두 가지

---

3 Walter Benjamin, "One-Way Street" (1928), in *Selected Writings* vol.1: 1913-1926, eds. Michael W. Jennings, et al. (Cambridge, Mass.: Harvard University, 1996), p.476. 비평과 복수심(ressentiment) 사이에 있는 다른 부정적 함축은 여기서 다루기에 지나치게 복잡하다.

4 [옮긴이] 프랑스 상황주의자들이 사용한 용어인 '변환'은 기존의 미학적 요소를 차용해 의미를 새롭게 바꾸는 기법을 말한다. 전용 (appropriation) 내지는 재전유(reappropriation)의 의미와 유사하다.

탈-비판?

두려움에 이끌릴 때가 매우 많다. 하나는 비평가가 자신이
대표하는 집단이나 계급으로 치환되어버리는 '이데올로기적
후원자ideological patron'가 되는 것(벤야민이 「생산자로서 작가」[1934]에서
전한 그 유명한 경고)에 대한 두려움이고, 다른 하나는 '자생적
이데올로기spontaneous ideology'와 반대되는 비판이론에 과학적
진리를 귀속시키는 것(알튀세르가 마르크스를 독해하는 글에서 취한 미심쩍은
입장)에 대한 두려움이다. 이런 두려움들은 터무니없는 게
아니다. 하지만 이런 게 목욕물 버리려고 욕조 안의 아이까지
버리기에 충분한 이유가 되겠는가?

보다 최근의 공격들, 특히 재현 비판과 주체 비판에 대한
공격은 연좌제의 성격으로 행해져 왔다. 재현 비판은 그것의
진리를 지나치게 확신하기보다 진리-가치 자체를
약화시킴으로써 도덕적 무관심과 정치적 허무주의를 키운다고
얘기되었다.[6] 주체 비판 또한 의도치 않은 결과를 낳는다고
비난을 받았는데, 그것이 정체성의 구성적 성격을 드러내는
방식이 주체적 위치에서의 소비주의('베네통The United Colors of
Benetton'으로 재포장된 다문화주의 사례처럼)를 교사한다고 얘기되었다.
많은 이들은 이 두 결과를 간단히 포스트모더니즘으로

---

5   해체의 다양한 변종은 말할 것도 없다. 미메시스적 격화에
관해서는, 필자의 다음 글을 참조. "Dada Mime," *October* 105
(Summer 2003).

간주하고는, 결국 그것에 노골적인 비난을 쏟아낸다. 하지만 이건 포스트모더니즘을 신자유주의적 자본주의의 기계적 표현으로(즉 신자유주의가 경제의 규제를 없앤 것처럼 포스트모더니즘도 문화의 현실감을 없앴다는 식으로)환원하는 풍자화caricature와 같다.[7]

비판에 대한 더욱 예리한 질문들은 과학 연구 분야에 집중하는 브뤼노 라투르와 현대 미술을 주요 화두로 삼는 자크 랑시에르에게서 나왔다. 라투르에게 비평가란 순진한

---

6 사실 그런 허무주의는 좌파보다 우파에서 더 많이 나타나는 속성이다. 2004년 부시 행정부의 (칼 로브라고 알려진) 한 관료가 인정한 바로는, "우리는 현재 하나의 제국이다. 그리고 우리가 행동할 때, 우리는 우리 자신의 현실을 만들어낸다. 그리고 당신들이 그 현실을 연구하는 동안 —신중하게 연구할지라도— 우리는 다시 행동해 다른 새로운 현실을 만들어낼 것이다. 당신들은 그걸 또 연구할 수 있으며, 그렇게 일이 정리될 것이다." Ron Suskind, "Faith, Certainty, and the Presidency of George W. Bush," *New York Times Magazine* (October 27, 2004) 참조. 또는 지구온난화의 사실 논쟁에 과학의 "사회적 구성"이라는 개념이 어떻게 쓰이는지를 고려해보라. Bruno Latour, "Why Has Critique Run Out of Steam? From Matters of Fact to Matters of Concern," *Critical Inquiry* 30 (Winter 2004) 참조.

7 때로는 이런 연관관계가 매우 직접적이라고 얘기되기도 한다. 예컨대 뤽 볼탕스키(Luc Boltanski)와 에브 시아펠로(Eve Chiapello)는 이러한 학문적 일터의 "예술적 비판(artistic critique)"이 "자본주의의 새로운 정신"을 이루는 핵심이었다고 비난한다. 다만 여기서 그들이 말하는 "예술적 비판"은 예술과 거의 무관하다. Boltanski and Chiapello, *The New Spirit of Capitalism*, trans. Gregory Elliott (London: Verso, 2004) 참조.

타인들이 갖는 페티시즘적[8] 신념의 신비감을 깰 수 있게
—이런 신념이 어떻게 "스스로 아무것도 하지 않는 물체에
자신의 소망을 투영"[9]하는지를 드러낼 수 있게—해주는 계몽된
인식을 가장하는 자다. 여기서 비평가의 치명적인 실수는
이러한 반反페티시즘적 시선을 자기만의 신념, 즉 자기만의
신비감 깨기demystification라는 페티시를 향해서는 적용하지
않는 것이며, 이는 자신을 가장 순진한 존재로 만드는 실수다.
라투르는 다음처럼 결론을 내린다.

> 이런 이유로 당신은 어떤 모순도 느끼지 않은 채 여러
> 입장을 동시에 취할 수 있다. 즉 ⑴당신이 믿지 않는
> 모든 것—대부분 종교, 대중문화, 예술, 정치 등—에
> 대해서는 반페티시스트antifetishist이면서, ⑵당신이 믿는

---

8   [옮긴이] 페티시(fetish)는 '물신(物神)'을 뜻하고, '페티시즘
(fetishism)'은 그런 물신을 맹목적으로 믿는 미신(迷信) 또는
광신(狂信)을 뜻한다. 이런 의미에서 페티시즘을 마르크스주의에서는
'물신주의'로 번역하기를 선호하지만, 정신의학에서는 결핍을
보충하는 상상적인 성 에너지가 특정 대상에 집중되는 성도착이라는
의미에서 '절편음란증'으로 번역하기도 한다.

9   Latour, "Why Has Critique Run Out of Steam?," p.237. 또한
다음을 참조. Latour, "What Is Iconoclash? Or Is There a World Beyond
the Image Wars?," *Iconoclash: Beyond the Image Wars in Science,
Religion, and Art*, eds. Latour and Peter Weibel (Cambridge, Mass.:
MIT Press, 2002)와 Latour, *We Have Never Been Modern*, trans.
Catherine Porter (Cambridge, Mass.: Harvard University, 1993).

모든 과학―사회학, 경제학, 음모이론, 유전학, 진화심리학, 기호학, 그 외 당신이 좋아하는 어떤 학문 분야든―에 대해서는 실증주의자positivist이고, (3)당신이 정말로 소중히 여기는 것―물론 그게 비평 자체일 수도 있지만, 회화나 들새 관찰, 셰익스피어, 개코원숭이, 단백질 등일 수도 있다―에 대해서는 완벽하게 건강하고 건전한 현실주의자realist일 수 있는 것이다.[10]

랑시에르에게도 비판은 신비감 깨기에 의존하면서 순수성을 잃는다. 그는 이렇게 기술한다. "가장 일반적으로 표현하자면, 비판적 예술은 관객을 세계 변혁의 의식적 행위주체로 변화시키려고 지배 메커니즘에 대한 자각을 키우고자 하는 예술의 한 유형이다."[11] 하지만 이어서 랑시에르는 자각만으로 변혁적인 것은 아닐 뿐더러 "피착취자들이 착취의 법칙에 대한 설명을 요하는 경우가 거의 없다"고 말한다. 게다가 비판적 예술은 "관객에게 일상의 사물과 행동 이면에 놓인 자본의 기호를 발견하라고 요구"하지만, 그런 요구는 "사물을 [자본이 수행하는] 기호로

10　Latour, "Why Has Critique Run Out of Steam?," p.241.

11　Jacques Rancière, *Aesthetics and Its Discontents*, trans. Steven Cochran (Cambridge: Polity, 2009), pp.46-47.

변형"하는 과정을 확증할 뿐이다. 라투르에게 비평가가 그렇듯이, 랑시에르에게도 비판적 예술가는 악순환에 빠져있다.

이 두 메타비평가들에 대해서도 거의 동일한 얘기를 할 수 있다. 라투르는 마르크스와 프로이트가 애초에 행한 비판적 시도를 되풀이하는데, 마르크스와 프로이트의 비판은 다음과 같았다. "현대인들은 자기들이 계몽되었다고 생각하지만, 사실 현대인은 원시인만큼이나 페티시스트다—상품에 사로잡힌 페티시스트일 뿐만 아니라 자신이 부적절하게 욕망하는 모든 사물에 사로잡힌 페티시스트다." 이런 논리적 뒤집기에 라투르는 이제 자신만의 뒤집기를 시도한다. "반페티시즘적 비평가들 또한 페티시스트다—자신들만의 소중한 방법이나 학문적 기율에 사로잡힌 페티시스트 말이다." 그렇다면 그만큼 라투르도 그가 절단 내고 싶어하는 비평 자체의 수사학적 고리 속에 여전히 남아있는 셈이다.

랑시에르는 비판에서 작동하는 의심의 해석학에 대한 이러한 도전에 프랑크푸르트학파 식으로 끼어든다. 하지만 이런 도전은 비판이론 내에서 친숙한 것일 뿐만 아니라, 숨겨진 의미의 탐색에서 (푸코에게서 볼 수 있는) 담론적 "가능성의 조건the conditions of possibility"과 (바르트에게서 볼 수 있는) 텍스트의 표층적 의미 등에 대한 고려로 옮겨가는 비판이론의 변화에도 근본적이었다.[12] 게다가 랑시에르는 비판이 능동화activation해야

할 관객을 오히려 수동적인 대상으로 투사한다고 비난한다(그는 이런 식으로 신비감에서 해방시켜야 할 순진한 신자를 묘사한다). 하지만 그도 역시 그렇게 단순한 자각을 넘어선 능동화를 요청할 때는 이러한 수동성을 가정한다.[13] 결국 그는 "감각적인 것의 재분배 redistribution of the sensible"를 하나의 만병통치약으로 제시한다. 하지만 자본주의가 "사물을 기호로 바꿔버리는 변화"에 맞서 겨뤄야 할 때 그러한 약은 거의 희망사항에 지나지 않는, 좌파 예술계의 새로운 아편일 뿐이다.[14]

---

12 두 입장은 다른 사람들의 손에서 퇴락했다. 푸코의 입장은 현행적 실천을 크게 고려하지 않은 담론적 일반성—일례로 랑시에르가 계속 얘기하는 "체제들(regimes)"—으로, 바르트의 입장은 효과와 정동에 대한 찬미로 퇴락한 것이다(더 많은 얘기는 아래 주석의 문헌 참조).

13 Jacques Rancière, *The Emancipated Spectator*, trans. Gregory Elliott (London: Verso, 2009).

14 감지하며 말할 수 있는 것과 그럴 수 없는 것으로 정의되는 '감각적인 것의 분배'는 마르크스가 그의 대표적인 저서들에서 이데올로기라고 이해한 것과 거의 다르지 않다. 구체적인 사유의 내용보다는 그것의 구조적 한계(즉 어떤 사유가 어떻게 생각할 수 없는 것으로 여겨지는지)를 결정하는 것에 가깝단 점에서 말이다.

상기한 모든 이야기에도 불구하고, 오늘날 비판에 대해 다수가 느끼는 피로감은 누구든 이해한다. 특히 비판이 어떤 자동적인 가치로 취급되어 독선적인 자세로 굳어질 때의 피로감 말이다. 확실히 비판의 도덕적 정당성은 억압적일 수 있고, 그것의 우상파괴적 부정성은 파괴적일 수 있다.[15] 라투르는 이런 비평가의 이미지에 반대하면서 자신이 정의하는 비평가의 이미지를 다음처럼 제시한다.

> 비평가는 폭로하는 사람이 아니라, 모으는 사람이다. 비평가는 순진한 신자들이 빌고 신 깔개를 들어올리는 사람이 아니라, 참여자들이 함께 모일 수 있는 무대를 제공하는 사람이다. 비평가는 고야Francisco de Goya가 그린 술 취한 우상파괴자처럼 반페티시즘과 실증주의 사이에서 아무렇게나 휘청대는 사람이 아니라, 무언가가 구축되면 그것이 부서질 수 있고 그렇기에 굉장히 주의를 기울이고 신경을 써야 함을 인식하는 사람이다.[16]

이 공감 어린 비평가의 이미지에 누가 호감을 갖지 않을 수 있겠는가? 하지만 그런 관대함의 윤리는 그 자체로 문제가 된다. 사실 이건 오랜 페티시즘의 문제인데, 이런 윤리에서도 그 대상을 유사-주체quasi-subject로 취급하기 때문이다.[17]

최근의 미술사도 거의 그와 마찬가지 역할을 하는 경향을

두드러지게 보여준다. 이미지들은 '힘'이나 작용인作用因, agency을
갖고 있다고 얘기되고, 그림들은 '필요'나 욕망을 갖고 있다고
얘기되는 식이다. 이는 최근의 미술과 건축에서 주체성
subjecthood의 관점에서 작품을 제시하는 비슷한 경향과도
일치한다.[18] 비록 많은 실천가들이 양호한 미니멀리즘 방식으로

---

15 이런 관점에서는 비판적인 즉각 반응을 보류하는 게 유익할 수
있다. 제프 돌벤이 이 글에 대해 이메일로 보낸 반응에서 제안하듯이
말이다. "여기서는 나의 기본적으로 실용주의적인 충동이 작동한다.
나는 내 당원 신분을 포기하지 않고도 무비판적인―과시적인?
유희적인? 자유롭게 해석적인? 모방적인?(…)―미적 경험의 버전을
이해하며 그 속에 머무르는 게 얼마나 가능한지를 알고 싶기 때문이다.
칸트가 미적 경험 속에서 찾은 걸로 보이는 개념적 보류와 이데올로기적
비결정성 같은 걸 우리가 한껏 펼쳐낼 수 있을까? 한 예술 작품 고유의
미적 경험이 이데올로기에 저항할 수 있는 능력을 신뢰할 수 있을까?
우리는 예술 작품이 그런 경험을 추구한다고 믿을 준비가 되어 있는가?
그리고 필요할 때마다 (자주 그럴 테지만), 다시 정신을 바짝 차리고
비판 인력을 마음껏 활용하며 그들을 아주 똑같은 대상들에 대해
훈련시킬 수 있다고도 믿을 수 있는가? 그리고 아마도 비판이 그런 미적
자유를 구속하고 제약하도록, 또한 아마도 비판이 우리에게 추방을
촉구할지 모를 대상들을 미적 가능성이 구원하도록 허용할 텐가?
이것은 '실천적인' 문제다. 어떤 것을, 언제 실천할지의 문제인 것이다."

16 Latour, "Why Has Critique Run Out of Steam?," p.246.

17 페티시화에 대한 나의 비판은 욕망과 쾌락 등을 의심하는 게
아니다. 나의 비판은 마르크스보다 윌리엄 블레이크에 가까운 것으로,
인간적인 창조물(예: 신, 인터넷)이 그 자체의 원동력으로 우리에게
투사되고 우리를 돕는 것만큼이나 우리를 종속시킬 가능성이 높은
위치에 서게 되는 모든 작동기제에 저항하는 것이다.

현상학적 경험을 진흥하고자 하지만, 그들이 제시하는 결과는 종종 거의 거꾸로 뒤집힐 때가 많다. 현행적인 것the actual을 잠재적인 것the virtual과, 그리고/또는 감각작용sensation과도 혼동시키는 공간에서 '분위기atmosphere'나 '정동'으로서 '경험'이 귀환하는데, 효과로서 생산됨에도 불구하고 실로 내밀하고 내면적으로까지 보이는 경험이 이뤄지는 것이다. (미술에서는 제임스 터렐James Turrell부터 올라퍼 엘리아슨Olafur Eliasson까지, 건축에서는 헤어초크와 드 뫼롱Herzog & de Meuron Architekten부터 필리프 람Philippe Rahm까지 다양한 사례가 있다.) 이런 식으로 '자신이 뭔가를 바라보는 모습을 보기'라는 현상학적 재귀성이 그 빈 데 효과에, 말하자면 우리를 인식하는 것처럼 보이는 설치물이나 건물에 접근하는 것이다. 이는 사유와 감정을 가져와 이미지와 효과로 가공한 다음 다시 우리에게 전달해 우리의 놀라운 감상을

---

18 *Art and Subjecthood: The Return of the Human Figure in Semiocapitalism*, ed. Isabelle Graw (Berlin: Sternberg Press, 2011).

19 미니멀리즘에서 사물성(objecthood)과 관련된다고 비난 받은 것은 사실 객관성(objectivity), 즉 구조와 공간, 공간 속 신체 등의 객관성과 관련된 것이었다. 이러한 연관은 미니멀리즘에서 나오는 일차적 작업 노선을 이끌었지만, 이제는 이차적 노선이 대세를 이루게 되었다. 이러한 뒤집기에 관해서는 나의 *The Art-Architecture Complex* (London: Verso, 2011)에 실린 "Painting Unbound" [한국어판: 『콤플렉스』, 김정혜 옮김, 현실문화, 2014. 이 책의10장 「해방된 회화」]를 참조.

이끌어낸다는 점에서, 역시 페티시화의 일종이다. 그만큼 이것은 반페티시즘적인 비판을 요청한다.[19]

더 일반적인 차원에서 '냉소적 이성cynical reason'의 경우도 마찬가지다. 우리의 문화생활에서도 정치생활에서도 너무나 많은 에너지를 없애버리는, 다 알면서도 무시하는 태도 말이다.[20] 문제는 진실이 늘 가려져 있다는 게 아니라 (이 점에서 라투르와 랑시에르는 옳다) 많은 게 너무 지나치게 명백하다는 데 있다—다만 어떻게든 반응을 차단하는 투명성을 갖춘 채 말이다. 예컨대 "'세금 면제no tax'라는 말은 부자에겐 요긴한 진언이지만 내게는 실패를 뜻하지. 하지만 그렇다 해도…" 라든가, "대형 미술관은 대중문화보다 금융자본과 더 관계가 깊지. 하지만 그렇다 해도…"와 같은 태도가 그렇다. 냉소적 이성은 인정과 부인이 결합한 ("알고 있지만 그렇다 해도" 식의) 페티시즘적 작용이기에 반페티시즘적 비판의 대상이 될 수

20   Peter Sloterdijk, *Critique of Cynical Reason*, trans. Michael Eldred (Minneapolis: University of Minnesota Press, 1987).

21   실제로 파올로 비르노는 *A Grammar of the Multitudes*, trans. Isabella Bertoletti, et al. (Los Angeles: Semiotext(e), 2004)에서 우리에게 냉소적 이성에 대처하라고 촉구했다. 이렇게 주어진 조건(이 경우에는 신자유주의가 정의하는 우리 자신의 조건)을 새롭게 전환하는 더 나은 예로는 Michel Feher, "*Self-Appreciation*, or the Aspirations of Human Capital," *Public Culture* 21, no.1 (2008)도 있다. 최근 예술에는 더 많은 사례가 있다.

탈-비판?

있다. 물론 그런 비판은 결코 충분하지 않은데, 주어진 것에 개입해 어떻게든 그걸 전환하고 다른 방향으로 이끌어야 하기 때문이다.[21] 하지만 그런 전환의 시작점이 되는 게 바로 비판이다.

─────────────────────────────────────

아마도 내가 상황을 완전히 오해했나 보다. 오늘날 '비판적 예술 critical art'이 꽃피우고 있는 현상을 뭐라고 설명해야 하는가? 여기서 문제는 두 단어가 조합하는 (또는 분리되는) 방식에 놓여있다. '사회실천 예술social practice art'에 대해 말하는 건 흔한 일이지만, 이런 이름은 예술이 일상생활과 얼마나 분리돼 있는지를 강조하는 동시에 그러한 간극을 메우고자 한다. (이런 식의 마술을 활용해 랑시에르도 정치적인 것과 미학적인 것이 늘 이미 밀접한 상호관계 속에 있다고 선언한다.) 사실 이런 이름들은 두 용어를 함께 잡아두기보다 주어진 어떤 실천을 사회적 유효성이나 예술적 발명이라는 기준에서 해방시키려는 경향이 있다. 즉 하나가 다른 하나의 알리바이가 되어줌으로써, 한쪽에서 오는 압력은 사회학적인 것으로 기각되고, 반대쪽에서 오는 압력은 유미주의적인 것으로 기각되는 것이다. 따라서 그렇게 선언된 해법은 다시 분류된다.

비록 도식적이긴 해도 이러한 곤경에 적절히 들어맞아 보이는 대립적 구도를 제시하며 결론을 내리려 한다. 한쪽에는 안토니오 그람시Antonio Gramsci와 유사한 행동주의 예술의 입장이 있는데, 이 입장은 비판과 자본의 위태로운 동맹이 급파하는 미학적 자율성과 더불어 사회적 실천을 위해 넓게 열린 영역을 바라본다. 반대쪽에는 아도르노와 유사한 입장이 있는데, 이 입장은 예술 범주를 고집하지만 최소한의 예술적 자율성이 이제 최소한의 부정성만 보유하고 형식주의적 움직임을 경유하는 것 말고는 남은 할 일이 거의 없다는 쓸쓸한 감각이 서려있다. 어떤 면에서 이러한 상보성은 기 드보르Guy Debord 에게서 나타났던 다다와 초현실주의의 상보성을 떠올리게 한다. 드보르는—변증법을 상호확증파괴MAD[22]의 방식으로 이해하면서—한때 이렇게 썼다. "다다이즘은 예술을 실현하지 않고 폐지하려 했으며, 초현실주의는 예술을 폐지하지 않고 실현하려 했다."[23] 우리의 상황은 1920년대를 여전히 더 놀라운 방식으로 환기시킬 수도 있다. 경제적으로 호황과

---

22 [옮긴이] 핵무기를 보유한 2개국 중 어느 한쪽이 선제 공격을 하더라도 다른 쪽이 보복 공격을 할 수 있음이 확증될 때, 양쪽 사이에는 핵전쟁이 발생하지 않게 된다는 핵전략 개념.

23 Guy Debord, *The Society of the Spectacle* (1967), trans. Donald *Nicholson-Smith* (New York: Zone Books, 1994), p.136.

불황이 오가고, 정치적으로는 비상사태가 예외적이기보다 정상적인 상태가 되며, 예술적으로는 일부 실천가들이 경제 위기와 정치적 비상사태를 연출(다다)하거나 이런 혼란을 딛고 건설(구성주의)하거나 그 혼란에서 도망치며 질서로 회귀하는 시대 말이다(1920년대에 신고전주의 전통의 퇴락한 버전들로 회귀하던 경향은 오늘날 모더니즘 회화와 조각의 오래된 작풍으로 회귀하는 경향과 유사할 것이다).[24] 여기서 어떤 메아리의 울림이 느껴진다면, 탈-비판적으로 가기에 좋지 않은 때임이 분명하다.

지은이 할 포스터 Hal Foster

미국의 미술 비평가이자 역사가. 뉴욕시립대학교에서 초현실주의에 관한 논문으로 미술사 박사학위를 받았고, 프린스턴대학교 고고미술사학과 교수로 재직 중이다. 포스트모더니즘 내에서 아방가르드의 역할에 대해 중점적으로 연구하고 있으며, 『반미학』, 『실재의 귀환』, 『디자인과 범죄』, 『콤플렉스』 등의 저서를 집필 및 편저했다.

옮긴이 조순익

연세대학교에서 건축을 전공하고 전문번역가로 활동 중이다. 2017 서울도시건축비엔날레 단행본을 번역했고, 마이클 헤이스의 『건축의 욕망』(2011)을 우리말로 번역했다. 그 외 『건축가를 위한 가다머』(2015), 『현대 건축 분석』(2015), 『현대성의 위기와 건축의 파노라마』(2014) 등을 번역했다.

---

24   David Geers, "Neo-Modern," *October* 139 (Winter 2012); Hal Foster, "Preservation Society," *Artforum* (January 2011).

도판
출처

비판적 건축:
문화와 형태 사이

마이클 헤이스

이 글에 포함된 도판의 출처:
Hays, K. Michael. "Critical
Architecture: Between Culture and
Form," *Perspecta* 21 (The MIT Press,
1984), pp.15-29,
https://doi.org/10.2307/1567078.

[01] Mies van der Rohe,
〈Friedrichstrasse project〉(1919),
charcoal drawing.

[02] Kurt Schwitters, 〈Merzbau〉/
사진: Wilhelm Redemann, 1933 ©
DACS 2007

[03] Edvard Munch, 〈The
Scream〉(1895) © 2021 The Munch
Museum, The Munch-Ellingsen
Group, Artists Rights Society (ARS),
New York

[04] Eric Mendelsohn, 〈Schocken
Department Store〉

[05] Georg Grosz,
〈Friedrichstrasse〉(1918) © Estate of
George Grosz. lithograph

[06] Mies van der Rohe,
〈Friedrichstrasse project〉(1919) /
출처: The Museum of Modern Art
(MoMA), New York, Mies van der
Rohe Archive © 2021 Artists Rights
Society (ARS), New York / VG
Bild-Kunst, Bonn

[07] Mies van der Rohe, 〈Glass
Skyscraper Project〉(1922), plan /
출처: MoMA, Mies van der Rohe
Archive. Object number: MR21.4. ©
2021 ARS, New York and VG Bild-
Kunst, Bonn

[08] Mies van der Rohe, 〈Glass
Skyscraper Project〉(1922), model. /
사진: Curt Rehbein

[09] Mies van der Rohe, 〈Glass
Skyscraper Project〉(1922), elevation
study. / 출처: MoMA, Mies van der
Rohe Archive, Object number:
474.1974. © 2021 ARS, New York
and VG Bild-Kunst, Bonn.

[10] Mies van der Rohe, 〈Stuttgart
Bank project〉(1928), collage

[11] Mies van der Rohe,
〈Alexanderplatz project〉(1928)

[12] Mies van der Rohe,
〈Alexanderplatz project〉(1928),
collage

[13] Mies van der Rohe, 〈Barcelona Pavilion〉(1929), exterior view from front, Gelatin silver print

[14] Mies van der Rohe, 〈Barcelona Pavilion〉(1929), plan. / 출처: MoMA, Mies van der Rohe Archive, Object number: MR14.6

[15] Mies van der Rohe, 〈Barcelona Pavilion〉(1929), interior view

[16] Mies van der Rohe, 〈Barcelona Pavilion〉(1929), interior perspective. / 출처: MoMA, Mies van der Rohe Archive, Object number: MR14.1

[17] Mies van der Rohe, 〈Barcelona Pavilion〉(1929), interior view

[18] Mies van der Rohe, 〈Barcelona Pavilion〉(1929), 〈Dancer〉

[19] Mies van der Rohe, 〈Barcelona Pavilion〉(1929), 〈Dancer〉

[20] Max Ernst / 출처: 『La femme 100 têtes』(1929)에 실린 〈Tous les vendredis, les Titans parcourrant nos buanderies〉

[21] Mies van der Rohe, 〈Illinois Institute of Technology〉(1939)

[22] Mies van der Rohe, 〈Minerals and Research Building〉(1939)

도플러 효과와 모더니즘의 다른 분위기에 관한 기록
로버트 소몰·사라 와이팅 지음

이 글에 포함된 도판의 출처:
Somol, Robert, and Sarah Whiting. "Notes around the Doppler Effect and Other Moods of Modernism," *Perspecta* 33 (Cambridge: MIT Press, 2002), pp.72–77, https://doi.org/10.2307/1567298.

[23] 출처: Rem Koolhaas, *Delirious New York: A Retroactive Manifesto for Manhattan*(1994), p.83.

[24] Charles-Édouard Jeanneret, 〈Maison Dom-Ino〉. / 출처: Fondation Le Corbusier

[25] 작자 미상

[26] 작자 미상

아키포커스 건축이론 2

비판 대 탈비판
2000년대의 현대 건축 논쟁

1쇄 발행   2019년 2월 20일

기획   이경창
편저   조순익, 이경창, 신건수, 박성용

발행   이병기
편집   방유경
디자인   섞어짜기 김의래, 박민시
인쇄   삼조인쇄(주)

펴낸곳   도서출판 아키트윈스
출판등록   2013년 1월 1일
등록번호   제 2013-16호
주소   서울 광진구 긴고랑로30길 34 (중곡동) 202호
            (우 04923)
전화   070-8238-0946
팩스   02-6499-1869
이메일   architwins@outlook.com

ISBN   978-89-98573-10-2   94540 (낱권)
           978-89-98573-08-9   94540 (세트)
           값 13,500원

* 아키텍스트는 도서출판 아키트윈스의 임프린트입니다.
* 잘못된 책은 바꿔드립니다.